国家自然科学基金地区基金项目（31960278）、云南省野生动植物保护项目（2022SJ07X-07）、云南省野生动植物保护项目（2022GF218Z-01）资助

Rescue and Conservation of *Nyssa yunnanensis*, a Plant Species with Extremely Small Populations

拯救保护极小种群野生植物云南蓝果树

杨文忠　张珊珊　等　著

科学出版社

北　京

内 容 简 介

云南蓝果树主要分布在云南省西双版纳州景洪市,是国家一级重点保护野生植物和 IUCN 极度濒危物种,也是国家和云南省实施极小种群野生植物保护工程的代表性物种。本书结合国内外的研究现状,以拯救保护云南蓝果树为主题,从普通生物学、个体生态学、群落生态学、生殖生态学、生理生态学以及遗传生态学特性等方面对其进行了研究,特别是在干旱对云南蓝果树天然更新的影响机制等方面进行了较为深入的研究,为该物种的就地保护、种质保存、种群重建等保护工程提供科学依据,同时也为其他极小种群野生植物的拯救保护提供示范,带动全国野生植物保护管理水平的提升。

本书可供从事植物学各相关领域研究,以及生态保护相关研究的科研人员参考阅读。

图书在版编目(CIP)数据

拯救保护极小种群野生植物云南蓝果树/杨文忠等著. —北京:科学出版社,2023.3
ISBN 978-7-03-075222-2

Ⅰ. ①拯… Ⅱ. ①杨… Ⅲ. ①珙桐科–植物保护–研究–云南 Ⅳ. ①Q949.761.8

中国版本图书馆 CIP 数据核字(2023)第 046953 号

责任编辑:马 俊 孙 青 / 责任校对:郑金红
责任印制:吴兆东 / 封面设计:无极书装

科学出版社 出版
北京东黄城根北街 16 号
邮政编码:100717
http://www.sciencep.com

北京建宏印刷有限公司 印刷

科学出版社发行 各地新华书店经销

*

2023 年 3 月第 一 版 开本:720×1000 1/16
2023 年 3 月第一次印刷 印张:7 1/4
字数:146 000

定价:128.00 元

(如有印装质量问题,我社负责调换)

本书著者委员会

主　任
杨文忠　张珊珊

成　员
杨文忠　张珊珊　陈　剑

张传光　康洪梅　陈　伟

袁瑞玲

前　　言

　　云南蓝果树（*Nyssa yunnanensis*）隶属蓝果树科（Nyssaceae）蓝果树属（*Nyssa*），是云南特有的极小种群物种，按 IUCN 濒危等级标准评价属于极度濒危（critically endangered）物种。为掌握云南蓝果树天然资源状况，我们于 2010 年组织开展了云南蓝果树种群调查与分析项目，调查结果显示：目前云南蓝果树仅存 2 个天然种群，其中种群Ⅰ有 5 株，种群Ⅱ有 3 株，共计 8 株，均分布于云南省景洪市普文镇的狭窄区域内。其中，有 3 株挂果丰硕，但林下无幼苗和幼树，自然繁殖更新能力严重衰退。云南蓝果树濒临灭绝，亟待开展拯救保护工作。拯救保护云南蓝果树，具有重要的生态、科学、文化和经济价值，同时，对推动云南乃至全国的生物多样性保护具有重要意义。

　　本研究以云南蓝果树拯救保护为主题，对该物种的普通生物学、个体生态学、群落生态学、生殖生态学、生理生态学及遗传生态学特性等方面进行了详细的分析，特别是在干旱对云南蓝果树天然更新的影响机制等方面进行了较为深入的研究，揭示了物种的濒危机制，并以上述研究为基础开展了保护体系建设、种苗繁育、迁地保护、近地保护，以及种群恢复与重建等拯救保护工作。本书以作者所获得的研究成果为基础，结合国内外的研究现状，对相关研究内容予以分析与总结，以求为该濒危物种的保护提供参考。

　　全书共 10 章：第 1 章为绪论，主要介绍极小种群野生植物的概念及国内外研究进展；第 2 章为云南蓝果树的生物学特征，主要介绍云南蓝果树的系统分类与地位、形态学特征及染色体特征；第 3 章为云南蓝果树的生存现状，主要介绍云南蓝果树的地理分布、生境特点与群落学特征；第 4 章为云南蓝果树的生殖特征，主要介绍云南蓝果树的开花物候、生殖细胞发育特性、两性花小孢子败育、花粉萌发活力和柱头可授性及种群重建的性别配置等；第 5 章为云南蓝果树的种子萌发特性，主要介绍云南蓝果树的种子发芽抑制物、种子吸水性能和种皮障碍等种子萌发的限制因素；第 6 章为云南蓝果树的天然更新，主要介绍云南蓝果树天然更新对干旱、光强和森林凋落物的响应；第 7 章为云南蓝果树的保护遗传学研究，主要介绍云南蓝果树的遗传多样性和群体遗传结构；第 8 章为云南蓝果树的存续威胁与濒危原因，主要介绍云南蓝果树的分布格局与种群特征、群落学特征及天然更新困难等的成因；第 9 章为云南蓝果树的拯救保护，在总结分析云南蓝果树的生存现状与濒危机制的基础上，对该物种的保护小区规划、建设与管理，种苗繁育，近地保护，迁地保护，以及种群恢复与重建等拯救保护工作进行介绍；第 10 章为云南蓝果树的物种生存和延续，主要介绍云南蓝果树的天然种群和人工种群的建设。全书的主要章节都是在介绍研究背景的基础上，从结果、分析和讨论等方面进行详尽阐述。

研究表明，云南蓝果树分布地植物区系热带性质显著，分布地北端在地理上位于热带亚洲植物区与东亚植物区的交汇地带，具有明显的热带北缘性质。云南蓝果树雄花的花期较早，雄性和两性花的雄蕊形态相似，但雄花的雄蕊大小约为两性花雄蕊的 2 倍，两性花花粉大部分败育。云南蓝果树的种子萌发受温度、光强、水分和种皮抑制物等多种因素的影响。云南蓝果树的种子萌发和幼苗生长受干旱、光强和森林凋落物的严重制约。云南蓝果树是地理上和进化上的残遗种，较低的遗传多样性水平反过来又限制了它对现代环境变迁的适应能力，使其分布范围更加狭窄。云南蓝果树可通过保护小区的建设、近地保护、迁地保护、种群恢复与重建等方法进行保护。

云南蓝果树的拯救保护工作取得了一定的保护成效。通过建立保护小区，云南蓝果树天然种群得到了有效保护和恢复；通过回归自然，云南蓝果树天然种群得到恢复重建，为后续拯救保护工作提供了种质资源保障；以国家林业和草原局云南珍稀濒特森林植物保护和繁育重点实验室、云南省林业科学院普文试验林场为依托，建立起云南蓝果树种苗繁育基地；通过试验研究，成功研发了有性和无性繁殖技术，开展实生苗和扦插苗的繁育，为种群恢复与重建等提供种苗保障；在林业保护部门和相关科研机构的支持下，通过实施近地保护和迁地保护等行动，目前已建立云南蓝果树人工种群 6 个，共约 700 株。

基于现有的工作基础和数据，我们对云南蓝果树拯救保护方面的工作进行了系统整理，编辑成本书，希望能为我国其他极小种群野生植物的保护工作提供一些借鉴和指导。

由于编著者水平有限，不足之处在所难免，敬请读者批评指正。

作　者

2022 年 3 月

目　　录

第 1 章　绪论 ·· 1
  1.1　极小种群野生植物的概念 ·· 1
  1.2　极小种群野生植物保护的主要内容和技术要点 ··· 9

第 2 章　云南蓝果树的生物学特征 ·· 15
  2.1　系统分类 ·· 15
  2.2　形态学特征 ·· 16
  2.3　染色体特征 ·· 18
  2.4　繁殖特征 ·· 19

第 3 章　云南蓝果树的生存现状 ·· 20
  3.1　资源分布 ·· 20
  3.2　生态习性 ·· 21
  3.3　群落特点的成因 ·· 23

第 4 章　云南蓝果树的生殖特征 ·· 24
  4.1　开花物候 ·· 24
  4.2　生殖细胞发育特性 ·· 25
  4.3　两性花小孢子败育 ·· 30
  4.4　花粉萌发活力和柱头可授性 ·· 35
  4.5　种群重建的性别配置 ·· 36

第 5 章　云南蓝果树的种子萌发特性 ·· 38
  5.1　种子发芽抑制物 ·· 38
  5.2　种子吸水性能和种皮障碍 ·· 39
  5.3　温度和光照对种子萌发的影响 ·· 39
  5.4　赤霉素对种子萌发的影响 ·· 40
  5.5　pH 对云南蓝果树与中国蓝果树种子萌发的影响 ······································· 40
  5.6　培养基质对种子萌发的影响 ·· 41
  5.7　人工破坏内果皮和光照对种子萌发的影响 ··· 41
  5.8　种子萌发的限制因素 ·· 41

第 6 章　云南蓝果树的天然更新 ····· 43
6.1　干旱对种子萌发的影响 ····· 43
6.2　干旱对幼苗生长的影响 ····· 48
6.3　光强对幼苗生长的影响研究 ····· 60
6.4　森林凋落物对天然更新的物理和化学影响 ····· 62

第 7 章　云南蓝果树的保护遗传学研究 ····· 68
7.1　遗传多样性 ····· 68
7.2　群体遗传结构 ····· 72

第 8 章　云南蓝果树的存续威胁与濒危原因 ····· 76
8.1　存续威胁 ····· 76
8.2　濒危原因 ····· 76

第 9 章　云南蓝果树的拯救保护 ····· 79
9.1　保护小区 ····· 79
9.2　种苗繁育 ····· 86
9.3　近地保护 ····· 88
9.4　迁地保护 ····· 90
9.5　种群恢复与重建 ····· 91

第 10 章　云南蓝果树的物种生存和延续 ····· 94
10.1　天然种群得到有效保护和恢复 ····· 94
10.2　人工种群不断壮大 ····· 94

参考文献 ····· 95

第1章　绪　　论

1.1　极小种群野生植物的概念

极小种群野生植物（Plant Species with Extremely Small Populations，PSESP）是为遏制生境退化和片段化加剧趋势、防止野生植物物种灭绝而提出的新概念。随着 PSESP 概念逐步被接受和认可，国家和各省（自治区、直辖市）选定了亟待加强保护的 PSESP 物种，规划实施了就地保护、近地保护、迁地保护、种质保存、回归引种和能力建设等系列拯救保护行动（国家林业局，2011；孙卫邦和杨文忠，2013）。然而，自 PSESP 的概念被提出之日起，就引发了争论和质疑。其中有观点认为：极小种群野生植物就是珍稀濒危植物或者重点保护野生植物，只是为设立新的保护工程或项目而提出的重复概念，没有实质意义。尽管全国极小种群野生植物拯救保护工程已全面实施，但这样的质疑和争论仍在继续。

1.1.1　提出 PSESP 的背景

1. 野生植物保护进展

国际上于 20 世纪 70 年代初期开始关注濒危植物的保护。1974 年世界自然保护联盟（International Union for Conservation of Nature，IUCN）成立受威胁植物委员会（Threatened Plants Committee，TPC）；1978 年 TPC 发布了涵盖 89 个国家和地区、250 种植物的《植物红皮书》，推动了世界各国对稀有濒危植物的关注和保护（杨清等，2005）；2012 年 IUCN 物种生存委员会（Species Survival Commission）制定了《IUCN 物种红色名录濒危等级和标准（3.1 版）》（第二版），是当前世界各国广泛采用的物种濒危等级评定依据。

我国于 20 世纪 80 年代编制了珍稀濒危植物保护名录。为确认和保护我国珍稀濒危植物，1980 年国务院环境保护委员会组织全国有关部门的专家开展调查研究和讨论审议，于 1984 年确定并公布了我国第一批《珍稀濒危保护植物名录》（国务院环境保护委员会，1984）。该名录共列出珍稀濒危保护植物 354 种，并规定了每种植物的保护级别，其中一级保护 8 种，二级保护 143 种，三级保护 203 种；后经调整和补充，于 1987 年发表了《中国珍稀濒危保护植物名录（第一册）》（国家环境保护局和中国科学院植物研究所，1987），涵盖 389 种植物，按受威胁程度分为濒危（121种）、稀有（110种）和渐危（158种）3类（傅立国，1991）；按保护级别分为一级（8种）、二级（160种）和三级（221种）。

为加强珍稀濒危植物的保护管理，国务院于1996年发布了《中华人民共和国野生植物保护条例》（以下简称《保护条例》），把需要重点保护的植物分为两类：国家重点保护野生植物和地方重点保护野生植物，前者进一步分为一级和二级。国家林业局和农业部于1999年发布《国家重点保护野生植物名录（第一批）》，选列了8类246种国家重点保护野生植物。其中，一级保护的48种3类，二级保护的198种5类（于永福，1999）。

2. PSESP 概念的提出

按《保护条例》"定期组织国家重点保护野生植物资源调查，建立资源档案"的要求，国家林业局于1997～2003年首次采用统一技术规程完成了《国家重点保护野生植物名录（第一批）》林业部分191种（含变种）的资源调查。结果显示：社会经济的快速发展给自然生态系统带来了巨大压力，加之全球气候变化的影响，许多重点保护野生植物的栖息地不断退化和片段化，种群数量和规模急剧下降（李玉媛等，2005），被列为国家重点保护的野生植物有3种未在野外发现，另有12种仅存10株以下，9种数量为11～100株。野生植物保护的形势十分严峻（顾云春，2003）。作为我国生物多样性最丰富的省份，云南在分析国家重点保护野生植物资源信息数据及其面临压力的基础上，于2005年向国家林业局提交了《云南省特有野生动植物极小种群保护工程项目建议书》，首次提出极小种群物种保护的概念。国家林业局2008年编制的《全国极小种群野生植物保护实施方案》及2012年与国家发展和改革委员会联合印发的《全国极小种群野生植物拯救保护工程规划（2011—2015年）》、云南省政府2010年批准实施的《云南省极小种群物种拯救保护规划纲要（2010—2020年）》、《云南省极小种群物种拯救保护紧急行动计划》和2011年启动的《云南省极小种群野生植物保护建设试点》，均采用了PSESP概念。PSESP是指分布地域狭窄或呈间断分布、长期受到外界因素胁迫干扰而呈现种群退化和数量持续减少、种群及个体数量都极少，已经低于稳定存活界限的最小可存活种群而随时濒临灭绝的野生植物种类（Ren et al.，2012）。全国极小种群野生植物拯救保护工程的实施标志着PSESP保护已作为"国家工程"得到推进。

1.1.2 理解 PSESP 概念的途径

1. PSESP 物种的确定

我国的珍稀濒危保护植物、国家重点保护野生植物、极小种群野生植物和

IUCN 的红色物种等概念，分别存在着濒危、重点、极小和红色等难以从字面理解其确切含义的特点，选列和评价物种的依据和标准成为理解其实质内涵的关键。IUCN 物种红色名录濒危等级和标准从 1991 年的 1.0 版到 2012 年的 3.1 版（第二版）已历经 8 次修订，濒危等级评估标准越来越细化和量化（IUCN，2002，2012）；然而国内在提出极小种群野生植物之前，只是定性地描述濒危或保护等级，均无量化评定指标（国家环境保护局和中国科学院植物研究所，1987；于永福，1999）。

基于重点保护野生植物资源调查和相关专项调查数据，全国极小种群野生植物保护工程规划选列出 120 种植物。物种选列的 6 项指标中，不仅兼顾原有名录的定性指标，如分布区狭窄、植株稀少、胁迫干扰和经济开发价值或科研价值等，还提出了 4 项量化评定指标（指标①②③⑤）（表 1-1），增强了物种选列过程的客观性，减少了专家的主观判断（国家林业局，2011）。同时，PSESP 概念中的"分布地域狭窄"、"受到外界因素胁迫干扰"和"种群及个体数量少"等在物种选列指标中都得到了具体量化体现；而概念中的"种群数量持续减少"除物种生物学特性外，通常由第③项指标中的人为干扰或破坏所致。因此，这些选列物种的共同特征能被 PSESP 的概念所表征。

表 1-1 我国各类保护植物的定义、等级划分和物种选列标准

植物名录（提出时间）	定义	等级划分	物种选列标准
第一批珍稀濒危保护植物（1984 年） 中国珍稀濒危保护植物（1987 年）	由于物种自身的原因或受到人类活动或自然灾害的影响而濒临灭绝的野生植物	濒危等级：濒危稀有和渐危植物 保护级别：国家一、二、三级重点保护植物	①分布范围小、数量少，处于灭绝风险的种类；②走向衰落但未到达濒危的非单型属种类；③易进入濒危或渐危状态的特有单型科、属和少数科、代表种类；④中国特有并具极为重要、重要或一定科研、经济和文化价值的种类
国家重点保护野生植物（1999 年）	野生珍贵植物和具有重要经济、科研、文化价值的濒危、稀有植物	保护级别：国家一、二级重点保护植物；地方重点保护植物	①数量极少、分布范围极窄濒危种；②具重要经济、科研、文化价值的濒危和稀有种；③重要作物的野生种和有遗传价值的近缘种；④有重要经济价值，因过度开发利用而资源急剧减少的种类
全国极小种群野生植物（2012 年）	分布狭窄，受胁迫干扰，种群退化和数量持续减少，低于最小存活种群而濒临灭绝的野生植物	无等级划分	①资源清楚的"个、十、百、千"物种*；②仅存 1~2 个分布点的种类；③株数≤10 000 且破坏严重的重点保护植物；④我国特有且分布狭窄的重点保护植物；⑤株数>10 000 但为特定区域代表种，或具重要经济开发、科研价值的种类；⑥满足上述条件，能提出有效保护措施的种类

*"个、十、百、千"物种分别指植株数量为 1~9 株、10~99 株、100~999 株和 1000~9999 株的植物物种。

通过十余年的实践与探索，云南省形成了一套集资源调查、就地保护、迁地保护、种群增强与回归的极小种群野生植物综合保护体系，以及多渠道筹措或整合资金、技术培训与保护示范、科普宣传与知识传播等为一体的极小种群野生植物保护模式，实现了一批极小种群野生植物的抢救性保护，极大地推动了云南省过去十余年的生物多样性保护工作。云南省的极小种群野生植物保护行动与成效，

得到了国际社会的广泛关注和高度评价。

2010～2020 年,云南省对第一批共 62 种极小种群野生植物开展了一系列拯救保护行动。保护成效评估显示,一些种类已得到卓有成效的保护而免除了灭绝风险,一些物种的种群数量大而不再需要优先采取抢救性保护,还有一些种类的分类地位存疑,还需进一步研究、澄清。此外,在《中华人民共和国国民经济和社会发展第十四个五年规划和 2035 年远景目标纲要》中,明确把极小种群野生植物专项拯救纳入重要生态系统保护和修复工程。为持续拯救和保护濒临高度灭绝风险的野生植物,云南省将继续开展极小种群野生植物的拯救保护。2021 年 2 月,云南省林业和草原局根据极小种群野生植物的特点和保护要求,拟定了极小种群野生植物提名指导原则,并向高校、科研院所、林草局和保护区基层管理机构的 55 名植物学专家征集到了共 391 个提名候选物种。2022 年,云南省林业和草原局召集了中国科学院昆明植物研究所、中国科学院西双版纳热带植物园、云南大学等机构的 13 名专家组成专家组,对第一批 62 个物种的调整,以及 391 个候选物种进行了认真研究、讨论,最终筛选了 101 种野生植物,其中包括蕨类植物 4 种、种子植物 97 种,形成了最新版的保护名录(孙卫邦,2022)。

2. 极小种群的临界值

PSESP 概念中种群规模低于最小存活种群(minimum viable population,MVP)的提法则需要深入解读。MVP 具有狭义和广义两种定义,狭义上指特定地域内同种生物以一定概率存活一定时间所需的最小种群规模,即种群水平的 MVP(Shoemaker et al.,2014);广义上则指整个物种以一定概率存活一定时间所需的最少个体数,即物种水平的 MVP(Reed and Mccoy,2014)。PSESP 概念中的 MVP 是物种水平的定义。MVP 通过种群生存力分析(population viability analysis,PVA)求得(彭少麟等,2002),最初的种群生存力分析试图给出确切的 MVP 值,把短期存活的有效种群规模(effective population size)定为不得低于 50 个个体,长期存活的定为不得低于 500 个个体,并由此建立了 50/500 法则(王峥峰等,2005)。然而,设定的种群存活概率和存活时间都是可变的,存活概率可以是 90%、95% 和 99%,存活时间可以是 50 年、100 年和 1000 年,加之物种间生物学特性的差异,不可能存在普适于所有物种的 MVP 值(何友均等,2004)。也就是说,体现 PSESP 中"极小"含义的指标 MVP 值,应根据不同物种的生物学特性和预设的保护目标(存活概率和时间)来确定(Frankham et al.,2014;Rosenfeld,2014)。在 PSESP 概念中引入 MVP 具有前瞻性。尽管目前仍然存在许多争议,但国外已将种群生存力分析应用于种群恢复计划,如美国 258 个濒危物种恢复计划中,约 1/4 的计划采用或推荐了 PVA 方法(Zeigler et al.,2013);但国内对特定野生植物的 PVA 分析报道至今仅见一例。PSESP 概念中的 MVP 及其隐含的 PVA 方法尚未用于保护实践,但指明了 MVP 研究对 PSESP 物种选列和保护的重要性。

3. 与其他保护植物的关系

极小种群野生植物与其他名录植物有着内生性联系。中国珍稀濒危保护植物在第一批珍稀濒危保护植物基础上增加了 35 个种,但沿用了相同的珍稀濒危植物定义、物种选列和等级划分标准,物种选列以受威胁或濒危程度为主要依据,两者可统称"珍稀濒危植物"。国家重点保护野生植物的物种选列和等级划分则首先考虑物种的经济、科研和文化价值,次为濒危程度,且具有《保护条例》的支持和保障,可称为"重点保护植物"。"重点保护植物"和"珍稀濒危植物"所列物种大部分相同,但不完全一致(于永福,1999)。"极小种群野生植物"在开展"重点保护植物"资源调查和相关专项调查的基础上,选列了 120 种植物,其中包含具有法律保障的"重点保护植物"国家一级 36 种和二级 26 种,其余 58 种的拯救保护已作为"国家工程"得到推进(表 1-2)。由此看出,PSESP 概念的提出,既没有否定以往的珍稀濒危和重点保护植物,也不是为重新立项寻找依据,而是在量化评估的基础上对亟待拯救保护的野生植物进行了更加科学的界定,并为采取有效的保护措施奠定了基础。

表 1-2 我国各类保护植物的法规政策依据和对策措施

植物名录	保护依据	保护行动和措施
1. 珍稀濒危植物	国务院环境保护委员会公布我国第一批《珍稀濒危保护植物名录》的通知	①加强珍稀濒危植物价值的宣传教育;②开展种类、分布、数量和生物学特性等调查,制订保护规划;③保护珍稀濒危植物,集中分布区可建立自然保护区;④积极开展引种繁殖等科学研究
2. 重点保护植物	国务院环境保护委员会公布我国第一批《珍稀濒危保护植物名录》的通知	①定期开展资源调查;②宣传教育和提高公民保护意识;③界定非法采集和破坏行为及其处罚;④设置保护设施和标志;⑤开展建设项目环评;⑥界定收购、出售、进出口保护对象的行为及其处罚等
3. 极小种群野生植物	国家林业局和国家发展和改革委员会《全国极小种群野生植物拯救保护工程规划(2011—2015 年)》	①设立保护小区(点),开展就地保护;②建立近地保护点,形成稳定种群;③繁育种苗,建立迁地保护种群;④保存种子和基因资源;⑤回归引种,重建种群;⑥开展能力建设,提高管理、监测、宣教和技术水平

1.1.3 对我国野生植物保护的影响

1. 突出野生植物保护的重点

优先保护种类不明确是导致野生植物保护难以取得成效的重要原因之一(Ma et al., 2013)。我国需要保护的野生植物种类多,如珍稀濒危植物有 389 种,重点保护植物有 8 类 246 种(第一批)和 1900 种(第一、第二批),再加上各地的省级保护植物,如云南省有 214 种省级重点保护植物(周彬,2010),保护名录很长,导致保护部门只能在面上对所有的珍稀濒危植物和重点保护植物进行宏观管理,难以深入开展具体的保护行动。因此需按一定规则确定亟待保护的优先对象，实施针对物种的保护行动。

PSESP 保护工程不仅明确了我国当前开展野生植物保护的 120 种优先物种（杨文忠和杨宇明，2014），还根据保护对象提出保护小区建设、近地保护、种质保存和野外回归等保护措施（国家林业局，2011）（表 1-2），以推动我国野生植物保护由面及点逐步落实的进程。

2. 体现物种保护的本质

PSESP 概念提出之前，我国的珍稀濒危植物和重点保护植物被认为是具有（潜在）开发利用价值的野生资源，主要采用传统的资源管理方式进行保护：①通过法规和行政手段降低野生植物资源的压力；②通过引种驯化和人工栽培在植物园备份种质资源；③通过宣传教育呼吁社会公众参与植物资源保护（吴小巧等，2004）；④通过建立种子基因库开展离体保存的方式备份种质资源。这些保护措施并未考虑物种存续的基本形式——"种群"的问题。

PSESP 概念及其拯救保护工程引入了种群管理的理念和方法，强调物种保护的实质是对种群数量、规模、结构和动态等的调节与管理。这种基于种群管理的野生植物保护突出了植物种群生态学原理和方法在保护实践中的应用，倡导通过改善种群结构、调节种群动态和恢复重建种群等方法，实现种群稳定发展和物种长期保存的保护管理目标。因此，PSESP 保护体现了物种以种群形式得以维持和延续的本质。

3. 改进野生植物保护对策

（1）从资源调查到种群分析

掌握 PSESP 生存现状是开展保护行动的基础，但传统的森林资源调查方法获得的分布面积、蓄积等数据与种群的概念无关。目前的国家重点保护野生植物资源调查方法增设了幼树数量和幼苗数量 2 个调查指标，但仍无法满足分析种群特征和动态的需要。因此，急需运用植物种群生态学原理和方法，开发 PSESP 种群调查和分析技术，获得种群数量、种群规模、种群结构、种群动态、生境变化和关键生态因子等信息，为采取有效的保护措施提供依据（杨文忠等，2010）。

（2）天然种群的就地保护

分布于保护地内外的 PSESP 天然种群都需要开展就地保护。保护地内 PSESP 的就地保护对保护地管理机构提出了更高要求，即在明确保护地内 PSESP 种类及资源数量并保证其免受破坏的基础上，要建立种群档案，监测种群动态，并提出种群保护的行动方案。保护地外 PSESP 的就地保护，过去通过修建各式围栏、水泥挡墙、铁丝网和警示碑等对少数植株进行围栏式（或文物式）保护的措施，由于不符合种群管理要求而被否定，取而代之的是依据保护对象生物学特性和种群动态特征规划建设的物种保护小区（杨文忠等，2014）。保护小区与传统的自然保护区不同，具有面积小、土地权属多样和管理方式灵活等特点，应避免将保护小区建成"微型自然保护区"或"小保护区"，并在保护小区面积确定、不同权属土地管理和保护工程建设等方面进行探索和完善（郭辉军，2012），以适应 PSESP 就地保护的需要。

（3）PSESP 的近（似）地保护

近地保护是专门针对 PSESP 提出的新概念和新方法。国内提出的近地保护（*near-situ* conservation）指在目的物种原生地邻近区域的植物园、树木园、林场和"四旁"等地定植栽培、管护监测和效果评价的保护方式（郭辉军，2011）；或指在气候相似、生境相似和群落相似的自然或半自然地段培植管护目的物种的保护方式（许再富和郭辉军，2014）。国外提出的"拟就地保护或似地保护"（*quasi-/in-situ* conservation）指在迁地保护时选择与原生境相似的自然或半自然地段建立人工种群，并采集以种子为主的繁殖材料进行回归引种的过程（Volis and Blecher，2010）。比较国内外近地保护的概念，其核心是要在保存目的物种遗传多样性的同时保持其环境适应能力。目前，近地保护方法已成为我国 PSESP 六大拯救保护措施之一（许再富和郭辉军，2014），但随着理论探索和保护实践的深入，其概念和方法仍在不断发展，有望为 PSESP 保护提供更加科学有效的技术支持。

（4）种群恢复重建

种群恢复重建是拯救保护 PSESP 物种的重要措施。PSESP 物种由于种群数量少且规模小，需要在保护现有天然种群的基础上，积极开展种苗繁育获得繁殖材料，并通过回归引种恢复或重建种群。种群恢复主要通过人工促进天然更新和增强型回归引种等措施，改善种群结构，调节种群动态，使现存天然种群得到恢复和壮大（杨文忠等，2011a）。其中的增强型回归引种指在现存天然种群内通过增加个体数量扩大种群规模或增加某一特定组群改善种群结构的方法（任海等，2014）。种群重建主要通过在目的物种的历史（原有）分布区自然生境中实施重建型回归引种建立新的种群，以增加种群数量和扩大现有分布范围。种群恢复重建是一项长期系统工程，种群恢复时引入的个体或组群是否在现存种群中发挥功效及发挥何种功效，以及重建种群能否完成繁衍更新并与生境协调发展等都需要长期监测和跟踪分析。开展种群恢复重建需要明确：①繁殖材料的遗传和环境背景及其代表性；②回归定植种苗的年龄和性别结构；③定植点原生境的保持和恢复方案；④长期的种群动态监测方案。

此外，基于种群管理的物种保护理念的引入给植物园、树木园怎样建立迁地保护种群和种子基因库如何利用保存的种质资源恢复重建种群提出了问题和挑战。

4. 促进我国相关学科的发展

以往我国的野生植物保护管理与相关科学研究联系不紧密。一方面，我国的野生植物保护采用的是传统的资源管理方式，主要通过政策法规、行政管理和宣传教育等手段实现保护管理目标，对科学研究成果没有迫切需求；另一方面，许多科学研究以珍稀濒危或重点保护植物为对象，但目的不是服务于研究对象的有效保护，对野生植物保护的贡献有限。相反，民间力量在此期间完成了水杉（*Metasequoia glyptostroboides*）、银杏（*Ginkgo biloba*）、多种红豆杉（*Taxus* spp.）、秃杉（*Taiwania cryptomerioides*）和喜树（*Camptotheca acuminata*）等的大面积种植，虽然未直接参与天然种群的保护，但降低了开发利用压力，且在多地保存了多份种质资源。

自 PSESP 概念提出以来，行政主管部门在 PSESP 概念的完善、物种名录的选列和工程规划的编制等方面与学界进行了紧密合作。由于与保护实践联系不紧密，我国的相关研究相对滞后，缺乏植物种群动态的长期监测与研究，原创性成果少，相关学科，如保护生物学、保护遗传学、景观遗传学的许多理论均从国外引入，相应的有效种群、进化显著单元（evolutionarily significant unit）、复合种群理论（metapopulation theory）、MVP 和 PVA 的各类模拟分析模型及相关软件等仍处于跟踪研究和消化吸收阶段（李义明等，1997b；李义明，2003；田瑜等，2011）。PSESP 保护对策措施中，国内提出的近地保护与国外的拟就地保护或似地保护还处于相互融合的过程，仍需进一步提升和完善；野外回归引种取得了显著进展，但回归种群的监测和回归效果评价还有待深入开展（任海等，2014）。然而，在 PSESP 概念和工程规划中已使用 MVP、近地保护和回归引种等概念和方法的事实，表明我国野生植物保护对科技支撑的迫切需求，这为我国相关学科的建设和发展提供了契机，也使这些学科的理论和方法创新成为可能。

1.1.4 结语

极小种群野生植物概念的提出及其拯救保护工程的实施在我国野生植物保护中具有里程碑意义。一方面，实施极小种群野生植物拯救保护标志着野生植物行政主管部门的管理策略发生了转变，即在以法规、行政手段和宣传教育等为主要策略的基础上，更加强调"基于种群管理的物种保护"理念，以实现科学保护野生植物的目标；另一方面，要求相关的科学研究要与野生植物拯救保护工作相接轨，植物地理学、种群生态学、生殖生物学、保护生物学和保护遗传学等相关学科的基础理论和应用技术研究应更好地服务于我国野生植物保护实践，在实现学科发展的同时，提升野生植物保护管理水平。这应该也是 20 年来举办了 10 届的"全国生物多样性保护与持续利用研讨会"于 2014 年更名为"全国生物多样性科学和保护研讨会"的原因和寓意所在。

1.2 极小种群野生植物保护的主要内容和技术要点

我国 1997~2003 年完成的第一次全国重点保护野生植物资源调查显示：社会经济的快速发展给自然生态系统带来了巨大压力，加之全球气候变化的影响，许多重点保护野生植物的栖息地不断退化和片段化，种群数量和规模急剧下降（顾云春，2003；李玉媛等，2005）。为加强对濒临灭绝的植物种类的拯救保护，云南提出了"极小种群野生植物保护"的概念（张连友，2008）；随着该概念在国家层面和保护生物学领域得到认可（郭辉军，2009；国家林业局，2011；Ren et al., 2012），目前全国各省（自治区、直辖市）选定了亟待加强保护管理的极小种群野生植物物种，开展其拯救保护行动。

基于资源调查数据、濒危机制研究结果和植物物种保护实践，国家和各省（自治区、直辖市）都制定了极小种群野生植物拯救保护计划或规划，并设计了就地保护、近地保护、迁地保护、种苗繁育和回归引种等系列保护措施（国家林业局，2011）。然而，这些计划和规划针对的是全国或各省（自治区、直辖市）的所有极小种群野生植物物种，是一个总体框架和宏观策略。如何实施特定极小种群野生植物物种的拯救保护行动，则需要更加具体的技术方法。

结合 2010 年启动的《云南省极小种群物种拯救保护紧急行动计划》和 2011 年实施的《云南省极小种群野生植物保护建设试点》，我们在完成云南蓝果树（*Nyssa yunnanensis*）等物种种群调查和分析、生物学和生态学特性及濒危机制研究的基础上，实施了就地保护、种苗繁育、近地保护、迁地保护和回归引种等拯救保护行动（王胜男，2013）；并于 2013 年 10 月在西双版纳成功承办了"全国极小种群野生植物拯救保护工作经验交流会"，为全国各省（自治区、直辖市）作出了示范（孙卫邦和杨文忠，2013）。

1.2.1 保护行动计划

1. 种群调查与分析

开展种群调查和分析的目的是为了掌握目的物种资源状况、生境特征以及威胁和压力；调查获得的数据信息，一方面用于检验将其列入极小种群野生植物保护名录是否合适；另一方面为制定并实施拯救保护行动计划提供基础依据。

种群调查分为前期准备、外业调查和数据分析 3 个步骤。前期准备阶段主要通过资料查阅、标本信息收集（可通过中国数字植物标本馆 http://www.cvh.ac.cn/ 查询）和专家访谈，获得物种识别特征，并初步划定调查区；到确切的分布点开展预调查，在拍摄目的物种识别照片和采集植物活体样本的同时，了解目的物种生境特征。

外业调查采用社区访谈和植物样方调查相结合的方法，调查内容包括分布区调查、群落调查和种群调查 3 项内容。其中，社区访谈（含乡土专家访谈）要充分利用准备阶段获得的信息（照片、样本和生境特征等），经不断走访核实，确定目的物种分布区（点）；植物样方调查的内容，涵盖群落结构、种群状况、立地条件和干扰因素等。

数据分析的内容主要有种群状况、群落结构特征和威胁压力等的分析，以了解目的物种的种群生存状态及其主要致危原因，为制定拯救保护行动计划奠定基础。

2. 制定行动计划

制定极小种群野生植物拯救保护行动计划的原则是：①保证物种不灭绝，保存物种尽可能高的遗传多样性；②以就地保护为主，结合近地保护、迁地保护、回归引种和离体保存；③生境保护与恢复相结合，改善和扩大物种生存空间；④天然种群恢复和人工种群重建相结合；⑤统筹计划、分步实施、政府指导、多渠道筹资；⑥以保护生物学、生态学等的理论为基础。

行动计划编制过程包括前期准备、计划编制和评审验收 3 个阶段。其中，前期准备主要是在查阅相关文献的基础上，进行目的物种的生物学与生态学调查，以及受威胁因素和濒危原因分析。计划编制阶段的工作有总体框架研讨、编写提纲拟定、编写组组织、计划编写等。评审验收主要是由当地自然保护主管部门组织相关专家，对编制的行动计划进行全面评审，并报送主管部门审批和立项。

行动计划的内容应包括目的物种状况、制定计划的依据、指导思想和原则、计划目标和期限、保护行动、计划进度安排、投资估算和资金筹措、保障措施等。其中的保护行动，要按目的物种的状况，从天然种群保护与恢复、种质资源保存与种苗繁育、人工种群重建、保护能力建设、科研监测、宣教体系建设等方法中选择一至多项进行设计。

1.2.2　拯救保护措施

1. 就地保护

就地保护是在原生地保护极小种群野生植物天然种群及其栖息地的保护形式。就地保护的手段主要是设立保护小区（点），并采取人工促进天然更新措施，保证种群稳定发展。

保护小区的规划、建设、管理和监测，按照《珍稀濒危野生植物保护小区技术规程》（LY/T 1819—2009）和《农业野生植物原生境保护点建设技术规范》（NY/T 1668—2008）实施。极小种群野生植物保护小区面积应在 25 hm^2 以上。分布面积不足 25 hm^2 的应全部保存，并恢复生境至 25 hm^2 以上。保护小区内含 2 个极小种群野生植物物种的，面积要增大 1/3；包含 3 个以上物种的，面积要增大 2/3。

根据林地权属，明确保护小区（点）管理的主体，有针对性地制定有效保护管理措施。保护小区位于保护地周边的由当地保护地管理机构代管，离保护地较远且林地权属为国有的由乡镇林业站或当地的国有林场管理，位于集体林的由村委会代管，位于村民自留山范围内的由农户代管（郭辉军，2012）。

2. 种苗繁育

在有效保护极小种群野生植物现有天然资源的基础上，应收集种质资源、建立繁育基地和开展种苗繁育，为近地保护、迁地保护和回归引种等提供繁殖材料。

种质资源按如下标准进行收集：①种群数量≥5，或个体数量为"百"和"千"的极小种群野生植物，在每个种群中按 25%～50%的比例采集不同家系的种子；②种群数量＜5 且个体数量为"十"的物种，采集所有种群中不同家系的种子；③种群数量＜5 且个体数量为"个"的物种，采集所有挂果植株的种子，并采集其他植株的穗条、根或芽等作为繁殖材料。在对极小种群野生植物现存种群及个体进行编号的基础上，记录所有采集到的种质资源的来源、采集时间、采集人等信息。

开展包括有性和无性繁殖技术的研究。有性繁殖技术包括种子储藏、消毒、催芽和幼苗管理等，用上述种子培育可溯源的实生苗木。无性繁殖技术有扦插扩繁和组培扩繁，用于天然种群雄株的无性扩繁，也可采用可溯源的实生苗建立采穗圃，开展扦插育苗。

建立种苗繁育基地，开展苗木培育。种苗繁育基地建设和苗木繁育，按照《育苗技术规程》（GB/T 6001—1985）实施，并增加从繁殖材料到成苗出圃的谱系记录和档案管理，建立种苗溯源机制。

3. 近（似）地保护

近（似）地保护是在天然分布区外但立地条件相似的自然或半自然生境中建立人工种群的保护形式（Volis and Blecher，2010）。近（似）地保护在建立人工种群、增加种群数量的同时，强调保护基地和原生境气候、地形、土壤、水文、生物等立地因子的相似性，保持自然生境对新建种群的支撑和压力。

立地条件相似是开展近地保护的关键。通常在目的物种天然分布区的邻近地区，选址建立近地保护基地（郭辉军，2011）；但在保证立地条件相似的前提下，也可在距目的物种天然分布区较远的区域,建立近地保护基地(孙卫邦和杨文忠,2013)。因此,近地保护基地与现有天然分布区(点)的距离可近可远。

建立近地保护基地,通常在尽量不破坏原生植被和不改变小环境的前提下,采用块状整地甚至不整地的方式,直接携带足够遗传多样性的人工繁殖材料建立新的种群。近地保护种群的构建,可采用目的物种不同遗传背景和不同龄级的苗木一次性建成,也可按种群年龄结构逐步定植具有不同遗传背景的苗木,直至最大龄级植株成功实现自然更新。同时,构建近地保护种群时,应在基地内合理布局不同龄级、不同性别和不同遗传背景的植株,防止近交、杂交和环境改变等引起的遗传多样性损失(王峥峰等,2005)。

4. 迁地保护

迁地保护是将极小种群野生植物迁出原生地并移植到人工环境中进行栽培、养护和保存的保护形式。在目的物种所处气候带和生态区内,选择合适的地点,通常选择已建的植物园、树木园、种质收集圃等,开展迁地保护。迁地保护通过移栽大苗、挖取野生幼苗、种子育苗或无性繁殖方法获得种苗等方式,在保护点建立具有足够遗传多样性的迁地保护种群。

迁地保护强调种质资源保存和备份,不强调环境压力的影响。迁地保护基地应采取适当的人工抚育和管护措施,确保备份种质资源得以保存;迁地保护点原则上不选择没有人工管护的野外自然生境,同时,应避免以盈利为目的的盲目引种,防止种质资源的流失和现有资源的退化(宋朝枢等,1993)。迁地保护备份的种质资源,应结合保护基地的科学规划,合理布局定植,防止近交、杂交、环境改变等引起的遗传多样性损失。

5. 回归引种

种苗繁育成功后,应适度开展回归引种,以缓解物种野外濒危状态。回归引种是在极小种群野生植物历史或现有分布区范围内选择合适的地段,引入人工繁殖的新个体,重建或恢复天然种群的保护形式。在现存种群内通过增加个体数量扩大种群规模或增加某一特定组群以改善种群结构的回归引种,称为恢复型回归或增强型回归(Falk et al., 1996);在确定的历史分布区范围自然生境中,携带足够遗传多样性的繁殖材料,按种群结构重新建立种群的回归引种,称为重建型回归(Maunder, 1992; Albrecht et al., 2011)。

重建型回归的技术方法,除重建地点的要求不同外,总体上与近地保护相类似。首先应准备可溯源且具有足够丰富的遗传多样性的回归材料,其次回归场地的处理,应在不破坏原生境的前提下完成清理和整地,甚至适当开展伴生植物的移植栽培;最后按种群结构合理布局,建立回归种群。

增强型回归应基于现存种群调查与分析，掌握种群的年龄结构、性别结构和遗传多样性结构，结合回归材料的准备情况，按需要在现存种群内引入某一特定组群，改善种群结构，确保种群稳定发展。

6. 离体保存

对就地、近地和迁地保护有一定困难或有特殊价值的极小种群野生植物种质资源，可进行离体保存。离体保存是指目的物种的种子、花粉及根、穗条、芽等种质材料，离开母体进行储藏的保护形式。离开母体的种质材料应保存于具备相应条件的国家级或省级种质资源库，并根据保存材料特性和保存条件，定期更新。

离体保存应根据种质资源库的相关技术要求，参照《林木种质资源保存原则与方法》（GB/T 14072—1993），确定种子、花粉、穗条、根、芽等种质材料的采集数量、采集时间、采集方法、运输方式，并完整地记录采集时间、地点、经纬度、海拔、所采植株数、土壤类型、周围环境和植被状况等，严格记录每一次采集活动，建立信息系统，定期更新和追踪记录。

1.2.3　监测与评价

1. 总体要求

拯救保护极小种群野生植物的总体目标是保证目的物种不灭绝。评价极小种群野生植物拯救保护的成效，主要包括 5 个方面的内容：①种群数量的增减及其幅度；②种群规模的变化及其幅度；③分布区面积的变化及其幅度；④天然和人工种群遗传多样性的变化及其幅度；⑤天然和人工种群天然更新的成败。

总体目标主要通过现存天然种群的保持、人工种群的重建和种质资源的保存 3 类拯救保护行动实现。为分析各项行动对实现拯救保护目标的贡献，无论天然种群还是重建种群，都应对所有个体进行编号和挂牌，开展动态监测，收集株高、地径、冠幅、物候、更新、病虫害等相关基础数据，建立监测档案，分析种群动态变化趋势及其原因，提出改进保护管理措施的对策建议。

2. 天然种群保护

现存天然种群保护，主要通过开展就地保护、增强型回归和人工促进天然更新等拯救保护行动来实现。监测评价可根据如下问题设立相应的指标：①保护小区（点）的建设和管理，是否切实阻断了人类活动对目的物种及其生境的干扰和破坏；②基于种群调查与分析结果，评价增强型回归是否改善了天然种群的种群结构；③在保护小区（点）采取的人工促进天然更新措施，能否增强天然种群更新能力，实现种群持续发展。

3. 人工种群重建

人工种群重建，主要通过实施种苗繁育、近地保护和重建型回归等拯救保护行动增加种群数量来重建。种群重建的监测评价指标主要包括：①种苗可及性及其遗传多样性状况；②近地、迁地和重建型回归种群的年龄结构、性别结构、遗传多样性和空间布局的合理性；③重建种群所有个体的生长状况及种群的自我更新和维持能力。

4. 种质资源保存

种质资源保存，主要通过迁地保护和离体保存等措施备份种质资源来实现。迁地保护的监测评价，包括植株的生长状况、管护措施和更新繁殖状况等；离体保存按种质资源库的技术要求，对备份种质的数量、质量、活力和保存条件等进行监测评价。迁地保护和离体保存都需要对备份种质的遗传多样性进行分析评价。

1.2.4 结语

极小种群野生植物概念的提出，使珍稀濒危植物保护更具科学性。极小种群野生植物是近年提出的新概念，尽管概念本身还不够成熟，但与 IUCN 的"红色名录物种"和我国现行的"重点保护野生植物"、"珍稀濒危植物"及"红皮书植物"等概念相比较（国家林业局野生动植物保护与自然保护区管理局和中国科学院植物研究所，2013），更接近"物种保护应以种群为基本单元，运用种群生态学原理和方法开展拯救保护行动"的事实。随着新概念的不断完善和科学保育计划的实施，植物物种保护将走向新的发展阶段。

新概念的提出使极小种群野生植物的拯救保护更具系统性。以往的珍稀濒危植物保护，主要强调种质资源的保存，通常有就地保护、迁地保护和离体保存等措施；而极小种群野生植物的拯救保护，不仅涵盖了种质资源的保存，还特别强调种群的恢复重建。因此，除已有的保护措施外，极小种群野生植物的拯救保护，还增加了种苗繁育、近地保护、回归引种和人工促进天然更新等技术方法。

第 2 章　云南蓝果树的生物学特征

2.1　系 统 分 类

蓝果树科（Nyssaceae）为双子叶植物纲的一科，又称珙桐科，有 3 属 10 余种，分布于亚洲和美洲。中国有 3 属（包括喜树属、珙桐属和蓝果树属），分布于长江流域，为优良的庭园树和行道树。有些种类的蓝果树可作药用，其木材可制作建筑材料和制造家具。其中喜树属（Camptotheca）果实为翅果或核果，常多数聚集成头状果序，单生或几个簇生；珙桐属（Davidia）核果大，长 3～4 cm，直径 1.5～2 cm，常单生，子房 6～10 室，花下有 2～3 枚白色大型苞片；蓝果树属（Nyssa）核果小，长 1～2 cm，直径 5～10 mm，常几个簇生；子房 1~2 室，花下有小苞片。

蓝果树属全世界约 13 种，其中：北美洲 4 种；哥斯达黎加 1 种；印度马来半岛 1 种；中国 7 种。在中国分布的华南蓝果树（N. javanica）、蓝果树（N. sinensis）、薄叶蓝果树（N. leptophylla）、上思蓝果树（N. shangszeensis）、瑞丽蓝果树（N. shweliensis）、文山蓝果树（N. wenshanensis）和云南蓝果树（N. yunnanensis）7 种中，后 5 种为中国特有种。从地质历史上看，蓝果树属植物拥有丰富的化石，并被公认为孑遗植物，该属植物对地质历史研究和植物类群起源演化研究具有重要意义。同时，由于当代全球气候变化和社会经济快速发展的双重作用，蓝果树属植物的生境不断退化或遭受破坏，特别是我国分布的蓝果树属植物大部分处于濒危状态，有些可能已经灭绝。因此，加强蓝果树属现存种类的保护极为必要。

蓝果树属分种检索表

1　有花梗，通常成伞形花序或总状花序 ··· 2
1　无花梗或仅雄花有短花梗，通常成头状花序 ··· 3
2　小枝、叶柄和花梗有宿存的微绒毛 ··· 瑞丽蓝果树 Nyssa shweliensis
2　小枝、叶柄和花梗幼时有紧贴的疏柔毛，渐老近无毛 ··· 蓝果树 N. sinensis
3　叶片较厚，通常为革质 ··· 4
3　叶较薄，通常为纸质 ··· 6
4　核果较小，通常长不超过 1.2 cm；小枝、总果梗和厚革质的叶均无毛
··· 上思蓝果树 N. shangszeensis
4　核果大，通常长 2 cm；小枝、花梗和叶有毛或至少幼时有毛 ··· 5

5	小枝、花梗和叶下面幼时被短柔毛或微绒毛，其后近无毛 ········ 云南蓝果树 N. yunnanensis
5	小枝、花梗和叶的下面密被宿存的微绒毛 ······················· 云南蓝果树 N. yunnanensis
6	总果梗纤细；叶近椭圆形，长 4～5 cm，宽 3～3.5 cm，侧脉微显著，叶柄长 7～10 mm ··· 薄叶蓝果树 N. leptophylla
6	总果梗粗壮；叶近矩圆形，长 8～10 cm，宽 4～5 cm，侧脉显著，叶柄长 1.5～2 cm ·· 文山蓝果树 N. wenshanensis

2.2　形态学特征

云南蓝果树于 1977 年在《云南植物志 第一卷》上发表为新种。云南蓝果树又名毛叶紫树，为蓝果树科蓝果树属植物（图 2-1 和图 2-2）。大乔木，高 25～30 m，胸径约 1 m；树皮深褐色，常现小纵裂；小枝粗壮，直径 5 mm，微呈棱角状，当年生枝密被黄绿色微绒毛，二年生以上枝被宿存的黄褐色微绒毛；皮孔显著，近圆形或椭圆形，淡白色或淡黄白色；冬芽锥形，鳞片锲合状排列，密被黄绿色绒毛。叶厚纸质，椭圆形或倒卵形，稀长椭圆形，长 1～22 cm，宽 8～12 cm，顶端钝尖，具短尖头，基部钝形或近圆形，稀楔形，边缘全缘或微呈浅波状，上面深绿色，干燥后橄榄色，下面除叶脉深黄色外其余部分淡绿色，干燥后灰绿色，密被黄绿色微绒毛，叶脉上更密，中脉在上面微下凹，在下面凸起，侧脉 14～18 对，与中脉成 40°的角开展，上部略向内弯曲；叶柄粗壮，长 2～3 cm，近圆柱形，上面微呈浅沟状，密被黄绿色微绒毛。雄性－两性异株。头状花序，雄性花序由 5～22 花组成而两性花花序由 4～10 花且多为 8～10 花组成，花无柄。花序梗被有微绒毛，具有 2 小苞片，长 1.5～2 cm，生于一年生枝条的叶腋或冬芽的芽鳞内，单生或双生，芽鳞通常早落。小苞片被有微绒毛，互生。雄花：长约 5 mm，宽约 3 mm，花基部具有苞片 3 枚，被有微绒毛，具缘毛；花萼，筒状，1.5～2 mm 长，

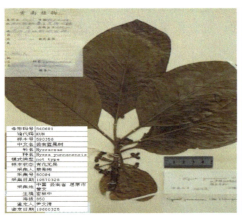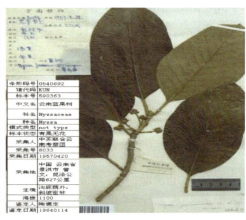

图 2-1　云南蓝果树凭证标本（引自植物智）

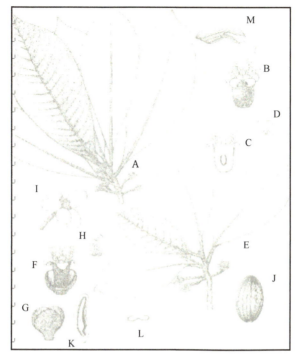

图 2-2　云南蓝果树图鉴（改自孙宝玲和张长芹，2007）

A. 两性花枝；B. 两性花；C. 两性花纵切；D. 两性花花瓣背面观；E. 雄性花枝；F. 雄性花；G. 苞片；H. 雄性花花瓣背面观；I. 果枝；J. 种子；K. 种子纵切；L. 种子横切；M. 内果皮上的三角形萌发瓣

顶端略全缘，外面被有黄锈色微绒毛；花瓣 5~7，矩圆形，长约 1 mm，宽约 0.5 mm，外面除边缘外被有稀疏的微绒毛；雄蕊有长短之分，两者相间排列且围绕着花盘生长，较长的长约 2 mm，先发育，较短的长约 1 mm，后发育，但当其成熟时与先发育的长雄蕊等长，通常雄蕊数目是花瓣数目的 2 倍；花药背部着药，2 室，宽椭圆形，顶端微凹，侧面纵向开裂，长约 1 mm；花盘厚，上位，垫状，略全缘。两性花：与雄花几乎等大，仅略粗，基部具有的苞片和花萼与雄花的相似；花瓣 4~6，卵形，约 0.5 mm 长，0.5 mm 宽，外面除边缘外被有稀疏的微绒毛；雄蕊与花瓣的数目相同或者略微超过花瓣的数目，长约 1 mm；花药比雄花的花药小，约 0.5 mm；子房下位 1 室，1 胚珠，子房顶端具垫状花盘；花柱 2 裂。

果实为核果，果实宽矩圆形，长 1~1.5 cm，宽约 0.5 cm，花盘和柱头在果实顶部宿存。果幼时绿色，成熟后红紫色，上面分散着白色斑点，内果皮厚，骨质，常压扁，有纵肋 4~7，具三角形的萌发瓣。种子长卵圆形，约 1 cm 长，0.3 cm 宽；种皮膜质；胚乳丰富（图 2-3~图 2-6）（孙宝玲和张长芹，2007）。种子（带内果皮）平均大小为 0.94 cm×0.52 cm×0.17 cm（长×宽×厚），千粒重约 234.3 g。种皮薄，自然状态下为黄褐色。花期 3 月下旬，果期 9 月（孙宝玲等，2007）。

图 2-3　云南蓝果树小枝

图 2-4　云南蓝果树叶片

图 2-5　云南蓝果树果实

图 2-6　云南蓝果树果实和种子

云南蓝果树与华南蓝果树相近，但其叶系椭圆形，下面有微绒毛，小枝、叶柄和果梗均较粗壮并有微绒毛，易于区别，而蓝果树、瑞丽蓝果树、上思蓝果树和文山蓝果树从形态上不能明显区分。《中国植物志 第五十二卷（第二分册）》分种检索表第一次分支时，根据"有花梗，通常成伞形花序或总状花序"来划分第一支，包括蓝果树和瑞丽蓝果树，根据"无花梗或仅雄花有短花梗，通常成为头状花序"来划分第二分支，包括华南蓝果树、云南蓝果树、上思蓝果树、文山蓝果树和薄叶蓝果树。

2.3　染色体特征

目前有关云南蓝果树细胞学、遗传学的研究相对薄弱。Goldblatt（1978）报道了多花蓝果树的染色体数目为 $n=22$，贺军辉（1991）报道蓝果树的染色体数目为 $2n=44$。孙宝玲（2008）研究表明，云南蓝果树的染色体数目为 $2n=44$（图 2-7），而且发现该种植物存在 B 染色体，此现象值得进一步探讨。有研究称 B 染色体的存在对植物的繁衍生息有很大影响，可能是导致植物濒危的原因之一（李懋学和张敩方，1991），由此可以推论云南蓝果树之所以濒危可能与其存在 B 染色体有关。

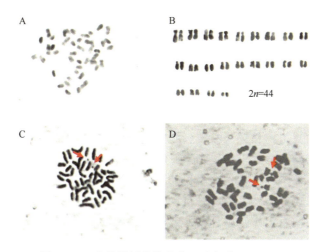

图 2-7 云南蓝果树的染色体（孙宝玲，2008）
A. 细胞中期染色体；B. 染色体核型；C、D. B 染色体

2.4 繁 殖 特 征

孙宝玲（2008）和康洪梅等（2019）研究了云南蓝果树的开花物候、花粉的萌发率和形态特征、性别比例、传粉媒介及交配系统，结果表明云南蓝果树雄花的花期比两性花的早 10~15 d，但两者的花期同时结束；雄性花花粉的萌发率为 97.7%，两性花花粉不萌发，绒毡层细胞发育异常是云南蓝果树两性花小孢子败育的主要原因，败育的时期是四分体时期和单个小孢子时期。雄花的花粉为三孔沟，有萌发孔，而两性花的花粉为球形，无萌发孔。36 种访花昆虫中，只有蜂类和蝇类 4 种昆虫为有效传粉者。存在风媒传粉，但以虫媒传粉为主。两性花自花授粉和异花授粉均不结实，用雄花花粉给两性花人工授粉的结实率为 47%。两个野外居群的性别比分别为 1：1.7 和 1：2，性别比偏雌。但在居群水平上，花的性别比偏雄。由此可知：云南蓝果树是形态上的雄性两性异株，功能上的雌雄异株植物。异交繁殖、性别比失衡于 1：1，都可能是导致该种濒危的原因。

第 3 章　云南蓝果树的生存现状

在收集云南蓝果树相关文献资料和查阅云南蓝果树标本信息的基础上，根据各种记载所显示的云南蓝果树生物学特性及生境，我们于 2010 年通过划定云南蓝果树可能的分布范围，携带相关资料及云南蓝果树新鲜枝条，深入目的地，开展社区访谈，汇总各种信息，最终确定调查地点，开展了云南蓝果树资源分布状况及其生态习性的调查工作，以期了解云南蓝果树的生存现状，进而为其有效保护提供基础资料和科学依据。

3.1　资　源　分　布

3.1.1　理论分布范围

根据国内主要标本馆目前藏有的云南蓝果树标本信息，推测云南蓝果树分布于云南景洪普文镇勐罕镇。通过整理标本信息，结合文献记载及附近保护区本底资料，并分析邻近地区的气象资料，得出云南蓝果树理论的天然分布范围大致在 22.70°E 以东，22.49°E 以西，100.41°N 以南，101.05°N 以北的狭小区域内，对应目前的行政区域北至普洱市思茅区南屏镇，南至西双版纳州景洪市勐罕镇、东至普洱市江城县康平镇、西至普洱市澜沧县糯扎渡镇。分布区内有西双版纳国家级自然保护区，与糯扎渡省级自然保护区、菜阳河省级自然保护区临近（《云南植物志》《西双版纳植物名录》《云南国家重点保护野生植物》；中国科学院云南热带植物研究所，1984；李玉媛，2003；云南省林业厅，2004；李玉媛等，2005）。

3.1.2　实际分布范围

云南蓝果树为蓝果树属分布较南的树种，分布范围狭窄，仅分布于云南南部西双版纳州景洪市，南起勐罕镇，北到景洪市与普洱市交界地段。目前仅于普文镇天保林中发现 2 个天然种群，共 8 株云南蓝果树（图 3-1）。云南蓝果树天然种群及个体数量都极少，已经低于稳定存活界限，濒临灭绝，属于极小种群物种和极度濒危物种，亟待优先进行保护。

3.2 生态习性

3.2.1 气候特征

云南蓝果树分布地属热带北缘季风气候类型,一年之中受湿润的西南季风和干暖的西风南支急流交替控制,半年为雨季,半年为旱季。通过分析云南蓝果树分布点的气候因子,得出适于云南蓝果树生长的气候条件,即年平均气温大于20℃,年降水量不低于1100 mm,年平均相对湿度在80%以上,极端最低温不低于–0.7℃,极端最高温不高于42℃,≥10℃积温不低于7450℃,干湿季节明显,且要求冬春多雾,以弥补旱季缺水(表3-1)。

表3-1 云南蓝果树模式标本采集地气候因子(陈伟等,2011)

地点	年均气温/℃	年平均降水量/mm	相对湿度/%	极端最高温/℃	极端最低温/℃	≥10℃年积温/℃
勐罕*	22.1	1161.9	82	41.1	1.9	8100.4
普文**	20.1	1655.3	83	38.3	–0.7	7459.0

资料来源:*西双版纳州气象局;**云南省林业和草原科学院。

3.2.2 地形地貌特征

云南蓝果树对生境的要求高,主要分布于植被保存良好的沟谷雨林低洼潮湿处,通常沿着溪流或沟塘分布,分布地海拔为500~900 m(图3-1),说明水分条件应是选择恢复地点的关键因子,潮湿的环境有利于云南蓝果树生长。

图3-1 云南蓝果树生境

3.2.3 土壤特征

云南蓝果树分布地土壤为赤红壤（李玉媛，2003），具体可分为 2 个亚类（表3-2）：紫色沙页岩赤红壤及紫色页岩赤红壤。生境地土体厚度在低山坡面达 1 m 以上，在箐沟中较陡峭的局部坡面上，为厚度 0.5~0.8 m 的中层土壤，土壤呈酸性，pH 为 4.3~6.3，有机质含量低，仅 0.6~2.7 g/kg，缺氮，尤其少磷，而钾较丰富。土壤具有典型的雨林土壤特征，即土壤养分指标不高，湿热的条件致生物小循环旺盛，有利于林木的生长。

表3-2　云南蓝果树分布地土壤类型及营养状况（陈伟等，2011）

土壤类型	层次	土壤深度/cm	有机质/（g/kg）	全氮/（g/kg）	有效氮/（mg/kg）	有效磷/（mg/kg）	有效钾/（mg/kg）
紫色沙页岩赤红壤	A	0~42	2.43	1.43	137.8	6.34	41.42
	AB	42~73	0.67	0.54	41.6	1.42	23.49
	B	73~105	0.56	0.65	35.1	0.91	24.06
紫色页岩赤红壤	A	0~12	2.67	1.60	157.0	7.78	83.85
	AB	12~80	1.01	0.79	79.8	3.93	15.53
	A	80~100	0.83	0.72	67.0	3.80	17.81

3.2.4 群落特征

云南蓝果树生境群落结构复杂，大致可以分为乔木层、灌木层、草本层以及由藤本植物和附生植物构成的层间植物层。

乔木层可分为3层。乔木Ⅰ层高度大于 20 m，由高大乔木组成，覆盖度约30%，主要树种有云南蓝果树、千果榄仁（*Terminalia myriocarpa*），植株呈稀疏分布，植株下部具有明显的板根状结构。乔木Ⅱ层高 10~20 m，为群落的主林冠层，覆盖度约70%，物种以桑科榕属、木兰科及樟科为主，主要树种有合果木（*Michelia baillonii*）、大叶藤黄（*Garcinia xanthochymus*）、肉桂（*Cinnamomum cassia*）、耳叶柯（*Lithocarpus grandifolius*）、南酸枣（*Choerospondias axillaris*）、西南木荷（*Schima wallichii*）、木莲（*Manglietia fordiana*）、钝叶桂（*Cinnamomum bejolghota*）及若干榕属植物。乔木Ⅲ层高 3~10 m，与灌木层的分层界限不很明显，该层物种多，但大多数物种数量很少，主要树种有木奶果（*Baccaurea ramiflora*）、四角蒲桃（*Syzygium tetragonum*）、鱼尾葵（*Caryota maxima*）、大叶黑桫椤（*Alsophila gigantea*）、披针叶楠（*Phoebe lanceolata*）、云南红豆（*Ormosia yunnanensis*）、金毛榕（*Ficus fulva*）等。灌木层高度为 1~3 m，植物种类丰富，树种有粗叶榕（*Ficus* hirta)、紫珠（*Callicarpa bodinieri*）、蒟子（*Piper yunnanense*）、包疮叶（*Maesa indica*）、鹅掌柴（*Heptapleurum heptapleurum*）、干花豆（*Fordia cauliflora*）、秤杆树（*Maesa ramentacea*）、北酸脚杆（*Pseudodissochaeta septentrionalis*）、罗伞（*Brassaiopsis glomerulata*）、苦竹（*Pleioblastus amarus*）等。

草本层以喜阴湿的竹芋科和姜科植物为主，覆盖度为10%～25%，在局部沟边可达50%以上，主要植物有柊叶（*Phrynium rheedei*）、艳山姜（*Alpinia zerumbet*）、心叶凹唇姜（*Boesenbergia longiflora*）、野蕉（*Musa balbisiana*）、七叶一枝花（*Paris polyphylla*）、金毛狗（*Cibotium barometz*）、水蕨（*Ceratopteris thalictroides*）、翠云草（*Selaginella uncinata*）、粗穗蛇菰（*Balanophora dioica*）等。层间植物主要以木质藤本为主，且多缠绕在乔木树种上，形成独特的景观。主要种类有麒麟叶（*Epipremnum pinnatum*）、钩藤（*Uncaria rhynchophylla*）、狮子尾（*Rhaphidophora hongkongensis*）、藤黄檀（*Dalbergia hancei*）、飞龙掌血（*Toddalia asiatica*）、密齿酸藤子（*Embelia vestita*）等。

3.3 群落特点的成因

Fiedler等（1992）根据物种的地理分布和生境特征，认为生态保护应该优先注重那些分布范围狭窄或生境地严格的物种，因为这些物种更容易处于灭绝的境地。从群落物种组成看，分布地植物区系热带性质显著，分布地北端在地理上位于热带亚洲植物区与东亚植物区的交汇地带，该区系中的许多热带植物在此已接近其分布的北界，植物区系具有明显的热带北缘性质（朱华等，2006）；蓝果树属作为东亚和北美间断分布型（吴征镒，1991），其分布区已接近该分布型的最南端。因此，云南蓝果树狭窄的适宜分布区是导致其种群规模极小的生物地理学原因。云南蓝果树对生境的要求高，其生境为四季潮湿的沟谷雨林，海拔500～900 m，多沿着中间沟底溪流分布，生长地土壤为赤红壤，呈酸性。土壤水分和空气湿度等是限制云南蓝果树种群向山地雨林扩散的主要生态因子。

生境破坏是云南蓝果树种群数量急剧减少的人为原因。热带地区农业经济的迅猛发展，导致当地包含云南蓝果树原生境在内的大量天然林不断被橡胶、咖啡、茶叶等经济林所取代。生境的破坏和片段化，改变了云南蓝果树适生地的小气候，特别是水湿条件的改变严重威胁了云南蓝果树的生存和繁衍，致使该极小种群物种随时濒临灭绝。

第 4 章　云南蓝果树的生殖特征

珍稀濒危植物的生殖系统是其生存繁衍和种群维持的关键环节。从多次野外调查结果来看，云南蓝果树能开花的植株（包括人工栽培的）仅有 10 余株，且林下无幼苗，鲜有幼树，这对云南蓝果树的保护极其不利。胚珠或胚的败育、传粉不成功、种子萌发困难等，任何一个环节出现了问题，都将造成生殖失败，影响植物物种的繁衍（Lillerapp et al., 1999; Zeng et al., 2009）。目前虽然存在诸多原因（如人类干扰和干旱等）导致云南蓝果树濒危状况产生，但不可否认，云南蓝果树的生殖系统一定是重要原因。

本章通过野外观察、显微检测和实验室控制试验相结合的方法，从云南蓝果树的开花物候、生殖细胞发育特性、两性花小孢子败育、花粉萌发活力和柱头可授性 4 个方面介绍云南蓝果树的生殖系统，尤其是从胚胎学（Huang et al., 1994）和繁殖特征（Sardet et al., 2007）的详细研究，掌握其生殖细胞发生、发育的方式和过程，繁殖过程中花粉、柱头的特征和授粉类型，并在了解云南蓝果树基本繁殖特性的基础上，通过综合分析揭示云南蓝果树生殖生物学特征，为制定科学有效的保护措施提供依据。

4.1　开 花 物 候

云南蓝果树树高约 25 m，分为两性植株和雄株，通过观察统计整个花期的特征，包括花形态变化、开花时间、单花寿命、花药开裂、花蜜产生、气味、花柱开裂情况、结实情况等发现，云南蓝果树的花期从每年 2 月中旬持续到翌年 4 月下旬，果期为 5～9 月。不同的树开花时间有差异，雄花较两性花开花时间早 10～15 d，盛花期也相对两性花早 5～10 d，但是花期结束时间接近；两性花单花花期 9～13 d，雄花单花花期 10～15 d。雄花比两性花先开，有利于吸引传粉昆虫的先锋者。这些先锋者能够通过它们的记忆和学习功能引领大规模的传粉昆虫采食花粉和花蜜，待到两性花开的时候，大规模的传粉昆虫可以有效地完成树与树之间长距离的传粉。

两性花和雄花形态如图 4-1 所示，均为头状花序，被绒毛，花序轴长短不一；两性花花序的小花 3～12 朵，每朵小花花瓣 4～6 玫，中间有 1 花盘，花盘分泌花蜜，花盘上有柱头 1，二裂，柱头开裂前为绿色，柱头二裂后，颜色由绿色逐渐变为白色,随着花朵的成熟凋零,柱头又逐渐变成褐色;子房下位,数量 1,花药 5～7,花丝短,1～2 mm;雄花花序的小花数量 10～32 朵,小花 5～6 片花瓣,花药两轮,每轮 5～7,外轮花丝长 5～8 mm,内轮花丝短,1～3 mm,小花中间有 1 花盘,花盘上分泌花蜜,能吸引昆虫为其传粉。

图 4-1 云南蓝果树两性花和雄花

　　雄花和两性花的雄蕊形态相似,但雄花的雄蕊比两性花的雄蕊多。所有雄花的雄蕊等距离绕花盘边缘排列,但由于花丝长短不同,雄蕊能明显区分为长短两轮。花瓣数为 5,雄蕊数为 10 的雄花中,长花药的生长和开裂有一定的顺序,即五角星状,但短花药在生长发育过程中,无明显的规律性。在两性花中,雄蕊也分为两类,但与雄花中的雄蕊不同,大多数雄蕊都属于第一类雄蕊,即发育较早,绕花盘生长并与花瓣几乎同时出现。第二类雄蕊仅有 1～2 枚,发育较晚,在花开以后才出现,在此我们命名其为后发育雄蕊(anaphase stamen)。雄花中,开花后的第 4 天长雄蕊开裂散粉。在两性花花瓣打开的第 1 天,柱头绿色,未开裂。两性花花瓣打开 3～4 d 后,柱头开始二裂,5～6 d 后柱头颜色由绿色逐渐变为白色。在雄花和两性花中,花蜜丰富,泌蜜从花瓣打开后的 2～3 d 一直持续到雄蕊掉落或柱头变褐色。雄花 2 轮雄蕊及花粉的有序开裂散粉,可以延长雄花单花花期,也提高了异交的传粉效率。雄花两个长雄蕊的距离最长,但先后发育所需时间最短,这可能是植物本身有效地利用有限资源的表现。野外观察还发现,两性树周围无雄树的植株结实率较低,而两性树周围有雄树的植株结实率较高。

4.2　生殖细胞发育特性

　　通过对云南蓝果树生殖细胞发育过程的研究得出:两性花雌蕊为单室子房,子房下位,子房内单枚胚珠,横生胚珠,单珠被;成熟胚囊为八核 8 细胞。雄花花药 4 室，横切面为蝶形，四分体为正四面体型，成熟花粉粒为 2 细胞花粉粒，具 3 个萌发孔。8 核 8 细胞胚囊和 2 细胞花粉粒均为较古老的细胞特征。云南蓝果树的雄花花药存在同一花序上不同小花发育不同步，且同一花药内的不同药室之间以及同一药室内小孢子母细胞的减数分裂不同步的现象（图 4-2～图 4-5）。珙桐的同一药室内小孢子母细胞的减数分裂基本同步，但在同一花药内的不同药室之间、同一花序上的不同花药之间存在差异（李雪萍等，2008）。小孢子减数分裂不同步现象在自然界中普遍存在，前人认为这是植物延长传粉期的一种适应性机制（董美芳等，2006），也是植物积极适应环境的一种表现（刘晓瑞等，2008）。

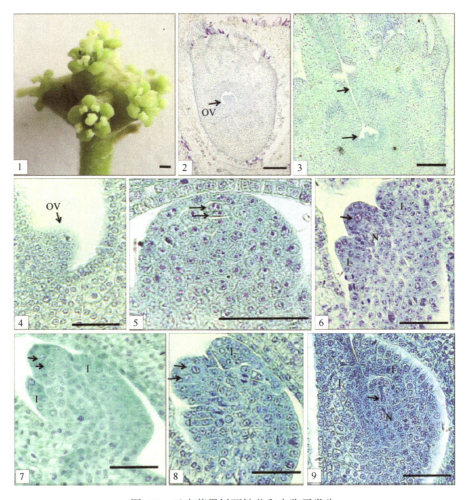

图 4-2 云南蓝果树两性花和大孢子发生

1. 两性花花序；2. 小花纵切，示子房和心皮；3. 小花纵切，示开放花柱道和胚珠；4. 胚珠原基；5. 周缘细胞和造孢细胞；6. 大孢子母细胞；7. 上下排列二分体；8. 左右排列二分体；9. 三细胞正在退化的四分体。OV. 胚珠；I. 珠被

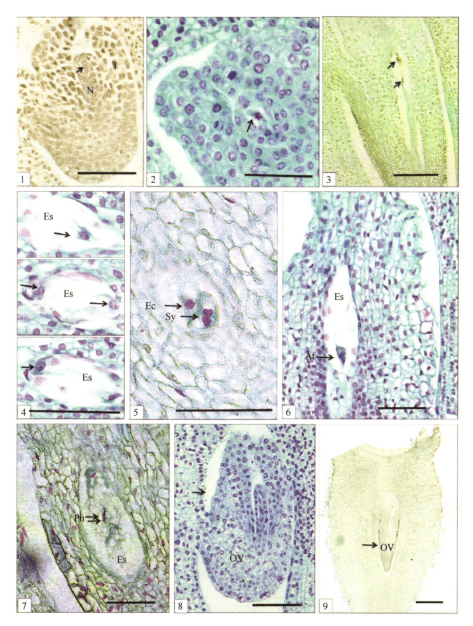

图 4-3 云南蓝果树两性花雌配子体发育
1. 单核胚囊；2. 单核胚囊有丝分裂；3. 二核胚囊；4. 连续切片示四核胚囊；5. 八核胚囊之 1 卵细胞和 2 助细胞；
6. 八核胚囊之 3 反足细胞；7. 八核胚囊之 2 极核；8. 横生胚珠；9. 胚珠在子房中的位置及珠孔朝向。OV. 胚珠；
I. 珠被；Es. 胚囊；Ec. 卵细胞；Sy. 助细胞；Pn. 极核细胞

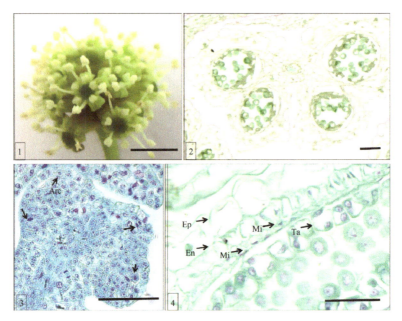

图 4-4 云南蓝果树雄花和花药壁发育

1. 雄花序；2. 花药蝶形横切面；3. 花药初期（示孢原细胞）；4. 花药壁。Ep. 表皮细胞；Arc. 孢原细胞；En. 药室内壁；Mi. 中层细胞；Ta. 绒毡层细胞

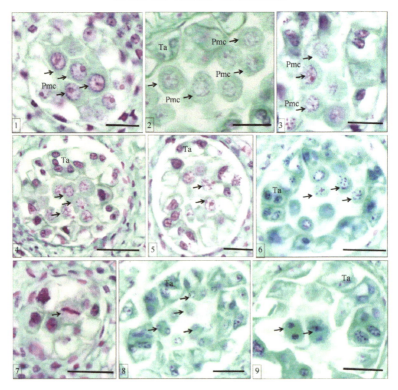

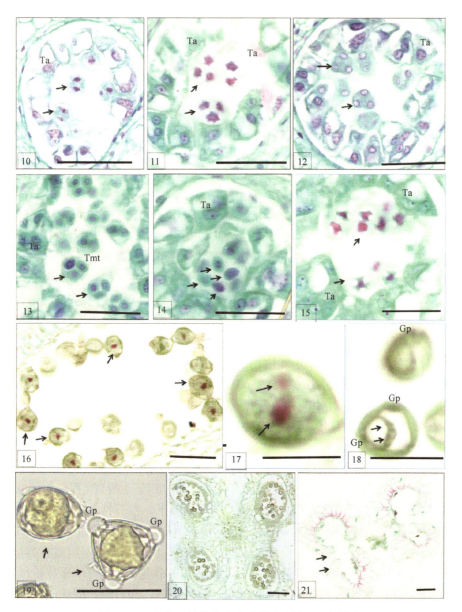

图 4-5　云南蓝果树雄花小孢子发生和雄配子体发育

1. 小孢子母细胞；2. 前期Ⅰ的细线期；3. 前期Ⅰ的偶线期；4. 前期Ⅰ的粗线期；5. 前期Ⅰ的双线期；6. 前期Ⅰ的终变期；7. 中期Ⅰ；8. 后期Ⅰ；9. 前期Ⅱ：箭头示同一细胞中的前期Ⅱ和中期Ⅱ；10. 中期Ⅱ；11. 后期Ⅱ；12. 末期Ⅱ；13. 四面体型四分体；14. 刚释放的小孢子：箭头示同一四分体释放出的4个小孢子；15. 染色质浓缩成单核小孢子；16. 单核居中期的小孢子；17. 单核分裂成二核小孢子：箭头示生殖核（小）和营养核（大）；18. 已形成萌发孔的二核花粉粒，箭头示生殖细胞（小）和营养细胞（大）；19. 成熟三孔花粉粒：箭头示正面观和侧面观；20. 花药横切（蝶形）；21. 已散粉的空花药囊：箭头示裂缝。Ta. 绒毡层细胞；Tmt. 四面体时期；Pmc. 小孢子母细胞；Gp. 萌发孔

4.3 两性花小孢子败育

云南蓝果树两性花花药四室，横切片呈蝶形，花药发育有正常发育成花粉粒和败育两种情况（图4-6～图4-9）。正常发育成成熟花粉粒的小孢子母细胞的胞质分裂为同时型，减数分裂能正常进行，形成四面体型四分体细胞，四分体细胞能在绒毡层分泌的胼胝质酶的作用下分离成单个小孢子，分离后的小孢子发育成成熟花粉粒；败育的花药其败育的类型为单核败育型（四分体到单核花粉粒时期败育），败育时期是四分体时期和单个小孢子时期，四分体时期败育的花药的绒毡层细胞液泡化膨大，并向内挤压四分体细胞，四分体细胞逐渐与绒毡层细胞粘连在一起，花药药室也变得小而狭窄，粘连在一起的四分体和绒毡层继续向内挤压，变成着色深并且细长的一条，完全败育；单个小孢子时期败育的花药能在四分体时期的绒毡层正常分泌胼胝质酶，使得四分体小孢子分离，但是分离后绒毡层细胞异常，小孢子不能正常发育，形成各种形态异常、形状不规则的花粉粒，极少数花粉粒正常，绝大部分败育。云南蓝果树两性花小孢子败育出现在四分体时期和单个小孢子时期。不同植物或不同类型的细胞雄性不育系雄蕊的败育时期各不相同（许忠民等，2012）。单子叶植物的花粉败育多数发生在双核期，而双子叶植物则多数发生在四分体时期（Laser and Lersten，1972）。辣椒的不同不育系有几种不同的败育时期：四分体时期（彭婧等，2010；王兰兰等，2015）、小孢子单核晚期（王述彬，2005）和绒毡层发育阶段（张玲玲等，2012），与云南蓝果树的败育时期一致。

小麦T763A的败育主要发生在单核晚期到二核时期（段阳等，2016）。洋葱不育系JA小孢子由于绒毡层的提早解离在四分体时期呈现败育（程雨等，2017），这与云南蓝果树的四分体败育时期一致。冬季低温下，香石竹小孢子败育的主要时期是花粉母细胞和四分体时期（周旭红等，2016）。花椰菜雄性不育系GS-19的小孢子败育时期发生在花粉母细胞到四分体时期，属于花粉母细胞败育类型（陶兴林等，2017a），另一种花椰菜胞质不育系09-R9小孢子的败育早在花粉母细胞早期就开始了，大部分不能进行减数分裂（陶兴林等，2017b）；棉花雄性不育系'DES-HAMS277'小孢子败育主要发生在造孢细胞增殖期和小孢子母细胞形成期，且在减数分裂期彻底败育，不能形成四分体（朱云国和王学德，2008）。

绒毡层是花药壁的最内层细胞，具有独特的分泌功能，它对花粉粒的发育起重要作用。绒毡层细胞较大，细胞中含有大量活性物质，四分体时期，绒毡层细胞适时地分泌胼胝质酶，从而分解四分体的胼胝质壁，使得小孢子彼此分离；同时，绒毡层还合成蛋白质运输到花粉壁，形成花粉外壁蛋白的作用这在与雌蕊柱头的相互识别过程中起重要作用；绒毡层还合成孢粉素形成花粉粒的壁物质，为

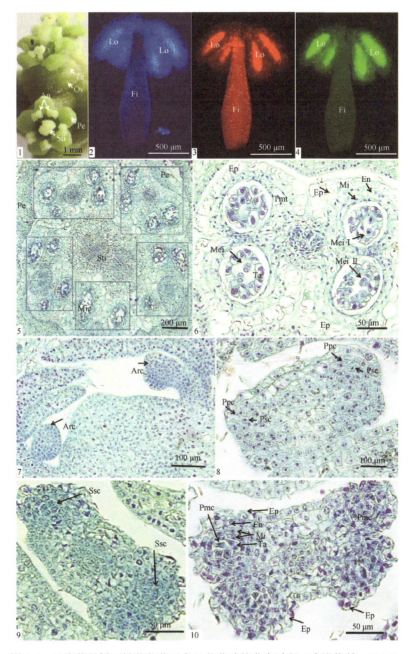

图 4-6　云南蓝果树两性花花药形态及花药壁的发育过程（康洪梅等，2019）

1. 两性花小花；2. 发蓝色荧光的两性花花药；3. 发红色荧光的两性花花药；4. 发绿色荧光的两性花花药；5. 花横切面；6. 蝶形花药横切面，不同药室的小孢子发育时期不同；7. 孢原细胞；8. 初生壁细胞和初生造孢细胞；9. 次生造孢细胞的分裂；10. 发育完整的花药壁结构和药室。Ep. 表皮细胞；Arc. 孢原细胞；En. 药室内壁；Mi. 中层细胞；Ta. 绒毡层细胞；Ssc. 次生造孢细胞；Ppc. 初生壁细胞；Psc. 初生造孢细胞；Pmc. 小孢子母细胞；MeiⅠ. 减数分裂Ⅰ；MeiⅡ. 减数分裂Ⅱ

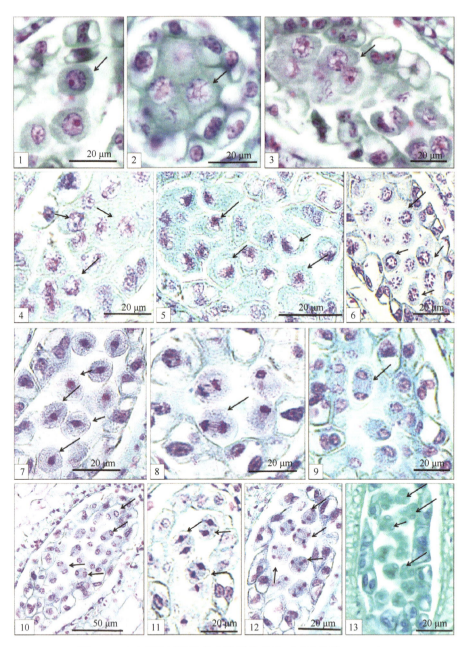

图 4-7 云南蓝果树两性花小孢子的发生（康洪梅等，2019）

1. 小孢子母细胞；2. 减数分裂前期Ⅰ细线期；3. 前期Ⅰ偶线期；4. 前期Ⅰ粗线期；5. 前期Ⅰ双线期；6. 前期Ⅰ终变期；7. 中期Ⅰ；8. 后期Ⅰ；9. 末期Ⅰ；10. 减数分裂前期Ⅱ；11. 中期Ⅱ；12. 后期Ⅱ；13. 四面体型四分体时期

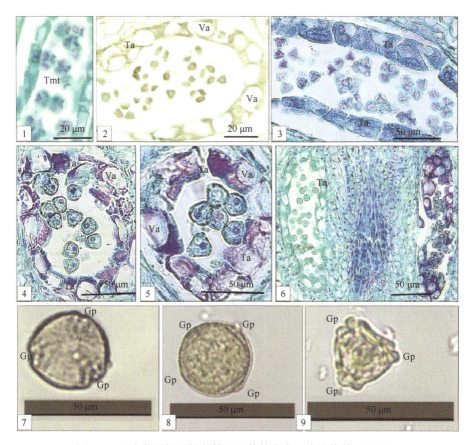

图 4-8　云南蓝果树两性花雄配子体的发育（康洪梅等，2019）
1. 四分体小孢子；2. 分离的小孢子；3. 发育中的单个小孢子；4、5. 单核小孢子，绒毡层异化；6. 不同药室绒毡层的不同；7. 球形三孔花粉粒；8. 四孔花粉粒；9. 三角形三孔花粉粒。Tmt. 四面体时期；Ta. 绒毡层细胞；Gp. 萌发孔；Va. 液泡

花粉提供抗性支撑，完成分泌任务后绒毡层开始降解，绒毡层的异常与花粉败育有着密切的联系，其发育的不正常（豆丽萍等，2009）和降解异常（黄珊珊等，2015）都会导致花粉败育，多数植物不育系花药败育与花粉的绒毡层细胞相关（Scoles and Evans，1979；李彬等，2015）。因此，云南蓝果树两性花雄蕊的绒毡层细胞不行使其正常分泌和自动降解功能的过程可能是导致小孢子败育的主要原因。

孙宝玲（2008）的研究认为云南蓝果树是形态上的雄性两性异株植物，功能上的雌雄异株植物。关于雌雄异株植物的进化存在多方面争议，达尔文的进化论就认为异交在雌雄异株进化中是否起重要作用的争议可能还将持续很长时间。Anderson 和 Stebbins（1984）认为对于雌雄异株植物自交不亲和相对有效。云

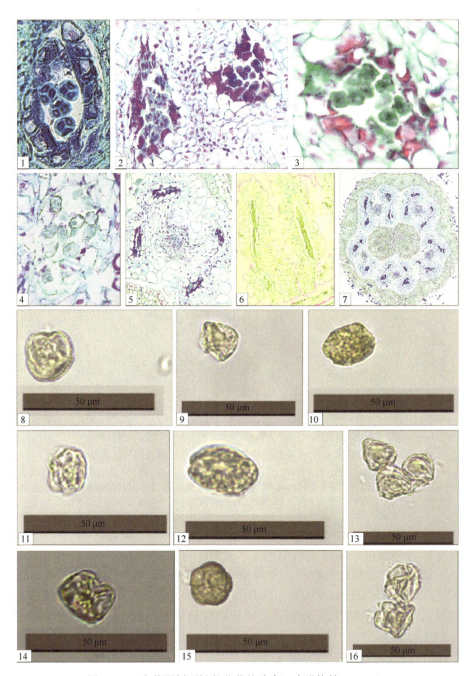

图 4-9　云南蓝果树两性花花药的败育（康洪梅等，2019）

1. 四分体时期绒毡层异化；2. 绒毡层异化后四分体小孢子不分离和小孢子分离；3. 不规则发育的小孢子；4. 花粉大量败育；5. 四分体与异化的绒毡层粘连在一起的花药；6. 花药完全败育的药室；7. 花药完全败育的两性花小花；8～16. 不同形态的败育花粉粒

南蓝果树两性花存在部分发育正常的花粉,同时云南蓝果树两性花小孢子的发育远远早于大孢子,当大孢子成熟时,花朵已开放,所以即使小孢子发育成正常的花粉粒,这个时间差也能保证其不会自花授粉,这也可能表明两性植株即使能发育出成熟花粉粒,但不会自交,也就避免了自交衰退,这可能是云南蓝果树进化过程中的一个特征,证明其正在往雌雄异株植物进化的过程中。

4.4　花粉萌发活力和柱头可授性

云南蓝果树雄花的花期比两性花的早 10～15 d,但两者的花期同时结束;云南蓝果树雄性花花粉的萌发率最高为 97.8%(图 4-10),而两性花的花粉活力情况不明,雄花的花粉为 3 萌发孔花粉粒,而两性花的花粉为 3 萌发孔或 4 萌发孔花粉粒(图 4-11);两性花的整个柱头绿色时无可授性,由绿色变为白色后便具有可授性,变为褐色后又失去了可授性,柱头在二裂前已具有可授性,能保证在花朵开放后随时能接受花粉,完成后续的双受精过程。雄性和两性花的雄蕊形态相似,但雄花的雄蕊大小约为两性花雄蕊的 2 倍,两性花花粉大部分败育,败育原因是绒毡层细胞的不正常降解,但也有部分能发育成正常的花粉。云南蓝果树的两性花雌蕊和雄花花药的整个发育过程均正常,能发育成完整的具有功能的胚珠和花粉粒,但是两性花的花粉却大部分败育,这能为我们指导人工种群的雌雄配比提供参考。

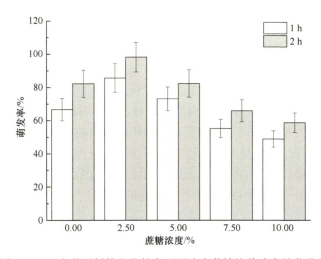

图 4-10　云南蓝果树雄花花粉在不同浓度蔗糖培养液中的萌发率

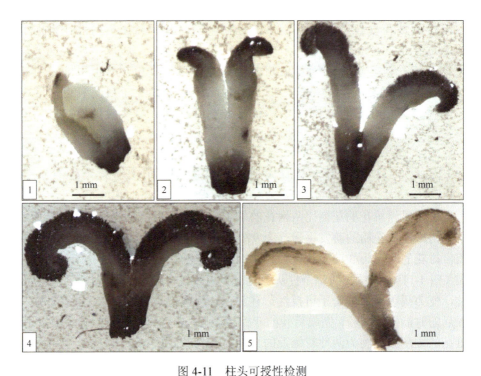

图 4-11　柱头可授性检测
1. 花柱短且未开裂，呈绿色；2. 花柱长且未开裂；3. 花柱刚开裂；4. 花柱二裂后呈白色（花柱表面饱满透明）；
5. 花柱二裂后呈淡黄色

4.5　种群重建的性别配置

孙宝玲（2008）对野外居群的调查结果显示：第 1 个居群中，两个亚居群的植株数量分别为 14 和 9，性别比分别为 1∶1 和 0∶4，整个居群总的性别比为 1∶1.7；第 2 个居群中，个体数目为 14，性别比为 1∶2。因此，该植物的性别比是偏雌性的。就整个野外居群的所有个体来说，其性别比为 0.57，也是偏雌性的。

每雄花花序的雄花数量与每雌花花序的雌花数量的比值为 1.94；每雄性枝条的雄性花序数量与每雌性枝条的雌性花序数量的比值为 2.39；每雄性植株的雄性枝条的数量与每雌性植株的雌性枝条数量的比值为 0.97；整个居群的雄性植株与雌性植株的比值为 0.57。所以，云南蓝果树花的性别比为 2.56∶1，也是偏雄性的。云南蓝果树的雄性比雌性生产更多的花，开花期间雄花的花期较雌性的长，雄性开花频率比雌性的高，都间接地支持了雄性在繁殖分配上贡献更多的假说。

而且，通过研究云南蓝果树的开花物候、花的发育过程、大小孢子发生和雌雄配子体发育过程，以及两性花花粉败育情况，花粉的萌发率和形态特征、柱头的可授性，结果表明云南蓝果树雄花的花期比两性花的早 10～15 d，但两者的花期同时结束;雄性花花粉的萌发率最高为97.8%,而两性花的花粉活力情况不明,雄花的花粉为3萌发孔花粉粒,而两性花的花粉为3萌发孔或4萌发孔花粉粒;两性花的整个柱头绿色时无可授性,由绿色变为白色后便具有可授性,变为褐色后又失去了可授性,柱头在二裂前已具有可授性,能保证在花朵开放后随时能接受花粉,完成后续的双受精过程。雄性和两性花的雄蕊形态相似,但雄花的雄蕊大小约为两性花雄蕊的2倍,两性花花粉大部分败育,败育原因是绒毡层细胞的不正常降解,但也有部分能发育成正常的花粉。云南蓝果树的两性花雌蕊和雄花花药的整个发育过程均正常,能发育成完整的具有功能的胚珠和花粉粒,但是两性花的花粉却大部分败育,这能为我们指导人工种群的雌雄配比提供参考。本研究认为最好能以两性植株:雄株=3:2进行野外人工种群的建立,这样能有效地利用雌雄蕊,达到结实率高的结果。本章研究内容阐释了云南蓝果树生殖过程中生殖物候和生殖细胞发育两个关键环节,进而揭示其生殖系统特征,促进了极小种群物种的进一步有效保护。研究成果为云南蓝果树人工种群性别配置和遗传多样性提供了科学依据,并为进一步开展保护生物学研究打下了理论基础。

第 5 章　云南蓝果树的种子萌发特性

种子是植物有性繁殖和维持种群稳定的重要载体。植物种群周期中以种子形式出现的阶段称为潜在种群，种子萌发是从潜在种群转变为现实种群的关键（李鸣光等，2002）。多数濒危植物天然更新困难，都与其种子休眠和萌发特征有关（党海山等，2005；陈发菊等，2007）。濒危植物种子难以萌发和发芽率低的一个重要原因是种子存在休眠过程，种子休眠的主要原因大致有：①发芽抑制物质的存在；②种皮效应；③对温度的要求；④对光的要求（傅家瑞，1985）。在导致种子休眠的诸多原因中，发芽抑制物被认为是最重要的原因之一（Bewley and Black，1994）。党海山等（2005）发现，毛柄小勾儿茶（*Berchemiella wilsonii* var. *pubipetiolata*）种子的不同部位存在萌发抑制物质；Sari 等（2006）研究认为，月桂（*Laurus nobilis*）的果皮和种皮中含有萌发抑制物质；尚旭岚等（2011）发现，青钱柳（*Cyclocarya paliurus*）果皮和种皮中含有一些活性较强的抑制萌发和生长的内源物质是限制种子萌发的重要因素。研究发现蒙古韭（*Allium mongolicum*）（王晓娟等，2011）和紫荆（*Cercis chinensis*）（孙秀琴等，1998）等种子的种皮障碍是引起种子休眠的原因之一。本章通过研究种子发芽抑制物、种子吸水性能和种皮障碍，以及温度、光照和赤霉素对云南蓝果树种子萌发的影响，进而探讨云南蓝果树种子萌发的限制因素，确定其种子萌发的适宜条件。

5.1　种子发芽抑制物

云南蓝果树种子各部位水浸提液对白菜种子萌发的影响结果显示，云南蓝果树种子的不同部位都存在抑制种子发芽的物质，各部位浸提液对白菜种子发芽率影响的强弱顺序依次为：种仁＞外果皮（鲜）=外果皮（腐）≥内果皮；对白菜种子胚根生长和苗高生长的抑制作用最强的为外果皮（鲜）浸提液处理，其次是种仁浸提液，抑制作用最弱的是内果皮浸提液，说明萌发抑制物的存在是云南蓝果树种子难以萌发和发芽率极低的重要原因（表 5-1）。

表 5-1　云南蓝果树浸提液对白菜种子发芽率影响（袁瑞玲等，2013）

处理	发芽率/%	胚根长/cm	苗高/cm	简易活力指数
种仁浸提液	72.00±2.67 Bc	0.43±0.19 C	0.34±0.12 C	0.547±0.20 C
内果皮浸提液	76.78±2.01 ABb	0.87±0.39 B	0.64±0.31 B	1.158±0.390 B

续表

处理	发芽率/%	胚根长/cm	苗高/cm	简易活力指数
外果皮（鲜）浸提液	75.22±0.69 Bbc	—	—	—
外果皮（腐）浸提液	75.45±2.91 Bbc	0.29±0.08 D	0.14±0.05 D	0.330±0.088 D
对照（蒸馏水）	83.22±3.34 Aa	1.40±0.51 A	0.84±0.34 A	1.865±0.553 A

注：表中数据同一列中不同小写字母表示差异显著（$P<0.05$），不同大写字母表示差异极显著（$P<0.01$），下同。表中"±"及其后数据指标准误，余同。

5.2 种子吸水性能和种皮障碍

云南蓝果树种子在浸泡 36 h 时达到吸水饱和（图 5-1），说明存在一定的透水障碍（卡恩，1989）。种皮的机械障碍作用会影响种子的吸水、透气性，最终影响种子萌发（王友凤和马祥庆，2007）。因此，云南蓝果树种子的吸水情况对种子萌发有一定的影响，种子存在一定程度的机械休眠。人工破坏种皮可以提高种子萌发率，说明内果皮坚硬可能是导致云南蓝果树濒危的原因之一。

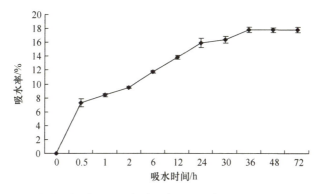

图 5-1 云南蓝果树种子吸水率随浸泡时间的变化（袁瑞玲等，2013）

5.3 温度和光照对种子萌发的影响

温度和光照对云南蓝果树的种子萌发都有显著影响。分析表明，随着温度的升高，种子的发芽率随之降低，25℃时的发芽率显著（$P<0.05$）高于其他 3 种温度，其他 3 种温度间差异不明显。当温度≥30℃时，种子极少萌发。因此，云南蓝果树种子的最适发芽温度为 25℃。

在种子最适发芽温度 25℃条件下，光照和连续黑暗处理对比实验发现：光照处理条件下的发芽率达 68.3%，显著高于黑暗处理（20%），说明光照更利于云南蓝果树的种子萌发。

5.4 赤霉素对种子萌发的影响

不同浓度的赤霉素（GA_3）溶液可以不同程度地促进云南蓝果树种子的萌发，提高发芽率、发芽指数和发芽势（表5-2）。随着 GA_3 浓度的增大，种子的发芽率和发芽指数先升高后降低，其中，经 200 mg/L GA_3 处理的种子的发芽率和发芽指数最高，显著（$P<0.05$）高于清水对照，发芽率是对照的 2.25 倍，发芽指数比对照高出 129%。

表5-2 赤霉素对云南蓝果树种子萌发的影响（袁瑞玲等，2013）

GA_3浓度/（mg/L）	开始发芽天数/d	萌发高峰期/d	发芽势/%	发芽指数	发芽率/%
100	13	18	10.00±2.50	0.39±0.12 ab	19.17±6.29 ab
200	14	18	18.33±3.81	0.64±0.08 a	30.00±4.33 a
300	11	18	20.00±6.61	0.63±0.15 a	25.83±5.20 ab
500	11	18	16.67±10.10	0.53±0.26 ab	21.67±10.41 ab
0（CK）	13	18	8.33±6.29	0.28±0.20 b	13.33±8.78 b

注：同列不同小写字母表示处理间差异显著（$P<0.05$）。

5.5 pH 对云南蓝果树与中国蓝果树种子萌发的影响

随着浸泡溶液 pH 的升高，云南蓝果树种子萌发率降低，在中性条件（pH7.0）下的萌发率最高，为 60.53%。而中国蓝果树在 pH=7.0 下不能萌发，随着 pH 的增加萌发率提高，直到 pH 为 9.2，然后下降（图5-2）。

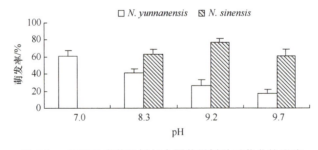

图5-2 pH 对云南蓝果树与中国蓝果树种子萌发的影响

对云南蓝果树种子进行不同 pH 碱液处理后的萌发结果显示：浸泡种子的碱液 pH 越高萌发率越低，所以碱液不能促进云南蓝果树种子的萌发，反而对种子的萌发有抑制作用。中国蓝果树的种子不经过碱液处理的确不能萌发，经过碱液处理后的萌发试验结果与房伟民（2003）的研究报道基本一致，即碱液能促进中国蓝果树种子萌发，较适宜中国蓝果树种子萌发的 pH 为 9.2。

5.6 培养基质对种子萌发的影响

由图 5-3 可知：种子在红土/腐殖土、红土/腐殖土/砂土、红土/腐殖土/泥炭土中的萌发率都不高，分别为 23.33%、18.33%和 28.83%，其中红土/腐殖土/砂土中的萌发效果最差，红土/腐殖土/泥炭土为萌发的适宜基质。

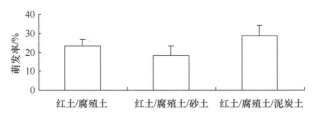

图 5-3　种子栽培于三种不同基质中的萌发率
红土/腐殖土=1∶1；红土/腐殖土/砂土=1∶1∶1；红土/腐殖土/泥炭土=1∶1∶1

5.7 人工破坏内果皮和光照对种子萌发的影响

由在环境条件比较稳定的人工气候箱[温度为 19～24℃，湿度 83%，光照约 69.60 μmol/（$m^2·s$）]中种子的萌发结果（图 5-4）可知：未处理的种子萌发率为 60.53%，而经过人工破坏内果皮后，萌发率可以提高到 65.00%，说明人工破坏内果皮是提高种子萌发率的有效手段，内果皮坚硬也可能是导致其濒危的原因之一。

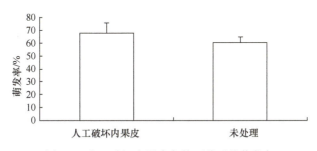

图 5-4　人工破坏内果皮条件下种子的萌发率

5.8 种子萌发的限制因素

云南蓝果树种子的不同部位存在水溶性萌发抑制物，尤其是外果皮和种仁中的抑制物可能是影响云南蓝果树种子萌发的重要因素。外果皮和种仁的水浸提液不仅对白菜种子的发芽率有极显著的抑制作用，外果皮水浸提液还几乎完全抑制了胚根和苗高的生长,种仁水浸提液则造成幼苗出现畸形生长等情况。所以,云南蓝果树种子含有抑制萌发的水溶性内源抑制物质,可能是导致该物种濒危的重要原因。种子各部位内含物的抑制作用有着很大的差异,说明种子各部位所含抑制物的种类、含量不同,而种子中内源抑制物的种类、含量与种子休眠的关系,还有待于进一步研究。

云南蓝果树坚硬的内果皮是影响种子萌发的另一原因。在种子吸水萌发阶段,当吸水率达到种子自身质量的35%~37%时,种子便能正常萌发,按照卡恩(1989)的理论,种子吸水率到40%就能达到种子萌发的生理需求。云南蓝果树种子在吸水达到饱和时吸水率不足20%,表明在水分充足且浸种时间足够长的条件下,内果皮的吸水障碍导致种子吸水难以满足其萌发生理需求。云南蓝果树天然种群林下灌草密集,种子散落后难以接触土壤水分,限制了种子萌发更新的进程,同时,坚硬致密的种皮对胚的机械限制会阻碍种子萌发(李蓉和叶勇,2005)。在 GA_3 对云南蓝果树种子萌发影响试验中,至实验结束时仍有一部分种子没有萌发,人工去除内果皮尖端一侧的三角形萌发瓣(Edye,1963)后继续培养,这些种子能正常发芽生长,这与人工破坏内果皮能提高云南蓝果树种子发芽率(孙宝玲等,2007)的研究结果相符,说明云南蓝果树内果皮对种子萌发有一定的机械限制。

适宜的温度和光照是云南蓝果树种子萌发的必要条件。基于在萌发温度为19~24℃的条件下,云南蓝果树种子的萌发率为 60.53%(孙宝玲等,2007),本研究所设 25~35℃温度范围内,25℃时云南蓝果树种子的萌发率为 68.3%,可以看出,云南蓝果树种子的适宜萌发温度为 25℃;同时,光照试验结果表明:光照利于种子萌发;然而,云南蓝果树天然种群林下灌草密集、光照不足,阻碍了种子萌发和自然更新。用赤霉素 GA_3 处理是打破云南蓝果树种子休眠的有效措施。GA_3 处理能促进种子内部的生理生化变化,使细胞分裂分化而促进种子发芽,打破种子的休眠(孙艳等,1995),采用 GA_3 处理的云南蓝果树种子,在 200 mg/L 时效果最好,发芽率比清水对照高出 125%,表明用 GA_3 处理比人工破坏内果皮发芽率提高 7.4%(孙宝玲等,2007)更为有效。针对种皮含有抑制物、存在机械障碍及透性障碍的种子,生产上可采用一种(周元,2003;陈伟等,2008;Sadeghi et al.,2009;沈琼桃,2011)或多种方法来解除其休眠(孙秀琴等,1998;苏金明等,2000),对极度濒危的云南蓝果树,应在更加深入研究的基础上,探寻更多解除其种子休眠的办法,为保护和繁育该物种提供配套技术措施。

第 6 章　云南蓝果树的天然更新

6.1　干旱对种子萌发的影响

落种的萌发成苗过程是森林天然更新的关键环节，在不同生境中，水分因子严重影响种子和幼苗的命运（Almansouri et al.，2001；Cochrane et al.，2011；Carón et al.，2015；Cavallaro et al.，2016）。种子萌发作为植物生活史的初始阶段，也最易受干旱胁迫的影响，进而影响植株后期的生长和发育（Bohnert and Jensen，1996；王红梅等，2006；徐芬芬和杜佳朋，2013）。聚乙二醇（PEG）常被用来模拟干旱胁迫（葛菲等，2016），研究干旱导致的水分缺失对植物种子萌发的作用（Huang et al.，2002；Zhang et al.，2015）。结果表明，PEG 会抑制很多植物的种子萌发，且随着浓度的增加，抑制程度也随之加剧（Gamze et al.，2005；Khodadad.，2011；Khazaie et al.，2013）。

水分不仅为种子萌发提供必要的水压需求，还通过其他作用方式影响种子萌发，如自毒作用（Chung and Miller，1995；Singh et al.，1999；Turk et al.，2002；Tawaha and Turk，2003）。自毒作用主要存在于一些杂草和作物，尤其是在农业生态系统中，具有浓度依赖性（Yu et al.，2003；Liu et al.，2007；Zhang et al.，2010）。研究证实，种内自毒作用是影响针叶林天然更新成败的关键因素，对其林分更新有一定的阻碍作用（陈龙池和汪思龙，2003；曹光球等，2005；Caboun，2006；王强等，2007；李登武等，2010）。因此，干旱的发生可能会一方面导致植物种子萌发生理上的水分需求限制，另一方面致使依赖于浓度的自毒效应加剧，从而阻碍森林的天然更新。尽管如此，目前将这两者结合起来研究干旱对种子萌发影响的文献却甚少。

野外调查发现，云南蓝果树天然林下有大量种子散落，但皆无云南蓝果树幼苗，天然更新困难（陈伟等，2011）。各类因素，尤其是干旱胁迫对种子萌发的影响如何有待研究；另外，云南蓝果树的根、茎、叶和种皮浸提液中都存在抑制自身种子萌发的自毒物质（袁瑞玲等，2013；张珊珊等，2016d，2018a），但这种自我抑制作用是否与浓度相关却不得而知。研究结果表明，云南蓝果树的根、茎和叶的自毒效应较强，因此本研究选取根、茎和叶的浸提液进行相关研究。

为了回答干旱对云南蓝果树种子萌发的影响机制如何，及水分需求和自毒效应对其种子萌发影响的贡献率大小这两个科学问题，本章通过野外原位生态学实验，确定了水分对云南蓝果树种子萌发和种子自毒效应的作用，然后采用双因子室内受控实验综合研究了干旱导致的水分需求限制和自毒效应加剧对种子萌发的影响。其中，干旱胁迫设置 4 个 PEG 浓度梯度（0、5%、10%和 15%），自毒效应包括自毒物质的器官来源因子（根、茎和叶，3 个水平）和浓度梯度因子（25 g/L、12.5 g/L、6.25 g/L、3.125 g/L 和对照，5 个水平）。研究结果能够阐释干旱对云南蓝果树天然更新过程中种子萌发这一关键环节的影响机制，为解决野外天然更新困难的问题提供科学依据，进而揭示其濒危原因，促进极小种群物种的有效保护与恢复。

6.1.1 野外原位条件下，干旱对种子萌发的影响

野外原位实验结果表明，云南蓝果树种子萌发率在两个播种处理之间差异显著（9 月至翌年 1 月）（图 6-1 和图 6-2）。在 9 月，种子会在播种一星期之后萌发，

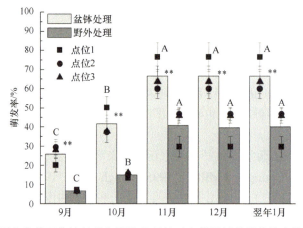

图 6-1 野外原位条件下盆钵处理和野外处理的云南蓝果树种子萌发率随时间变化情况
（Zhang et al.，2017）
**表示同一月份内，种子萌发率在盆钵和野外处理条件下，在 0.01 水平上差异显著（双侧检验）；不同大写字母表示盆钵或野外水分充足条件下，种子萌发率在不同月份间的差异。下同

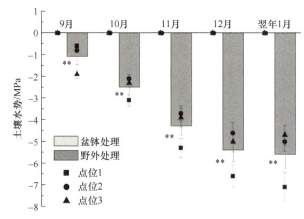

图 6-2 野外原位条件下盆钵处理和野外处理的土壤水势随时间变化情况（Zhang et al.，2017）
**表示同一月份内，土壤水势在盆钵和野外处理条件下，在 0.01 水平上差异显著（双侧检验）

盆钵处理和野外处理条件下的萌发率分别为 25.81%和 6.64%。两种处理条件下的萌发率会随着时间递增而增长，直到 11 月数值增加到最大，此时盆钵处理和野外处理条件下的萌发率分别为 66.61%和 40.69%。在接下来的两个月，两处理间的萌发率便没有显著差异。土壤水势监测结果表明，盆钵处理的土壤水势一直保持饱和（−0.01 MPa），而野外处理条件下的水势却随着时间急速下降。

6.1.2 干旱条件下自毒作用对种子萌发的影响

PEG6000 浓度、浸提液浓度和浸提液来源器官分别对云南蓝果树发芽率和发芽势产生极显著的影响（表 6-1，$P<0.01$）。但是只有 PEG6000 浓度和浸提液浓度之间交互作用的影响是极显著的，而 PEG6000 浓度与浸提液来源器官之间、浸提液浓度与浸提液来源器官之间，及三者处理之间的交互作用对种子萌发的影响均没有显著性差异。

表 6-1 云南蓝果树种子萌发的方差分析（张珊珊等，2018a）

变量	自由度	发芽势/%	发芽率/%
浸提液来源器官（a）	2	88.98**	71.47**
浸提液浓度/（g/L）(b)	4	100.93**	326.06**
PEG6000 浓度/%（c）	3	188.13**	442.24**
a×b	8	0.32ns	1.03ns
b×c	12	5.82**	33.72**
a×c	6	0.62ns	0.77ns
a×b×c	24	1.09ns	0.35ns

**表示在 0.01 水平上差异显著（双侧检验）；ns 表示在 0.05 水平上差异不显著（双侧检验）。

随着云南蓝果树浸提液质量浓度的升高，无论 PEG6000 浓度如何，云南蓝果树种子的发芽势和发芽率都呈递减状态，但是很多指标在浸提液质量浓度高于 12.5 g/L 时，降低幅度不显著（表 6-2～表 6-4）。在测定的所有指标中，PEG6000 处理的影响也不同。不管云南蓝果树浸提液质量浓度如何，随着 PEG6000 浓度的增加，测量指标的值也逐渐降低，但是大部分指标在 10%浓度与 15%浓度之间的差异不显著。

表 6-2 云南蓝果树根浸提液和 PEG6000 对其种子萌发的影响（张珊珊等，2018a）

PEG6000 浓度/%	浸提液质量浓度/（g/L）	发芽势/%	发芽率/%
0	0	45.56±2.94Aa	65.56±2.94Aa
	3.125	33.33±1.70Ab	57.78±5.09Aab
	6.25	27.78±1.92Ab	50.00±3.33Ab
	12.5	17.78±1.92Ac	31.11±2.15Ac
	25	10.00±1.65Ad	14.44±1.92Ad

续表

PEG6000 浓度/%	浸提液质量浓度/(g/L)	发芽势/%	发芽率/%
5	0	37.78±1.11Ba	51.11±1.11Ba
	3.125	20.00±3.33Bb	27.78±2.65Bb
	6.25	15.56±0.96Bc	22.22±3.85Bbc
	12.5	12.22±1.92Bcd	17.78±1.92Bc
	25	7.78±0.88Bd	8.89±1.03Bd
10	0	31.11±2.94BCa	44.44±4.01BCa
	3.125	13.33±1.74ABa	24.44±1.92BCb
	6.25	11.11±1.23Cab	13.33±3.02Bc
	12.5	7.78±1.92Cab	10.00±1.92Cd
	25	5.56±0.65Bb	7.78±0.89BCd
15	0	30.00±1.92Ca	41.11±1.11Ca
	3.125	11.11±0.98Bb	18.89±2.43Cb
	6.25	8.89±1.24Cbc	12.22±2.34Ccd
	12.5	4.44±0.96Dc	8.89±0.89Ccd
	25	2.22±0.57Cd	6.67±0.65Cd

注：大写字母表示不同 PEG6000 浓度之间的差异；小写字母表示不同根浸提液质量浓度之间的差异。下同。

表 6-3　云南蓝果树茎浸提液和 PEG6000 对其种子萌发的影响（张珊珊等，2018a）

PEG6000 浓度/%	浸提液质量浓度/(g/L)	发芽势/%	发芽率/%
0	0	45.56±2.94Aa	65.56±2.94Aa
	3.125	31.11±5.13Ab	63.33±4.44Aa
	6.25	28.89±4.63Ab	55.56±1.28Ab
	12.5	26.67±2.22Abc	25.56±3.39Ac
	25	20.00±2.22c	16.67±1.74Ad
5	0	37.78±1.11Ba	51.11±1.11Ba
	3.125	22.22±1.28Ab	30.00±2.22Bb
	6.25	20.00±2.22Bb	26.67±2.22Bbc
	12.5	17.78±1.28Bbc	23.33±2.11Ac
	25	12.22±2.57Bc	13.33±1.29ABd
10	0	31.11±2.94BCa	44.44±4.01BCa
	3.125	21.11±3.39Bb	30.00±2.02Bb
	6.25	18.89±1.28BCb	21.11±2.57Cc
	12.5	12.22±3.39BCc	13.33±1.12Bd
	25	8.89±1.28Bc	10.00±0.97Bd
15	0	30.00±1.92Ca	41.11±1.11Ca
	3.125	18.89±2.57Bb	26.67±1.98Bb
	6.25	12.22±1.28Cc	18.89±1.28Bc
	12.5	11.11±1.28Ccd	12.22±1.28Bd
	25	6.67±2.22Bd	10.00±0.84Bd

表 6-4　云南蓝果树叶浸提液和 PEG6000 对其种子萌发的影响（张珊珊等，2018a）

PEG6000 浓度/%	浸提液质量浓/（g/L）	发芽势/%	发芽率/%
0	0	45.56±1.81Aa	65.56±2.94Aa
	3.125	35.56±1.72Aab	62.22±2.94Aa
	6.25	34.44±1.41Ab	61.11±1.11Aa
	12.5	31.11±0.81Ab	28.89±1.11Ab
	25	23.33±0.61Ac	21.11±1.92Ac
5	0	33.33±1.39Ba	42.22±1.36Ba
	3.125	27.78±1.30Ba	34.44±2.94Bab
	6.25	23.33±1.02Bb	32.22±1.92Bb
	12.5	21.11±0.71Bbc	26.67±1.11Ab
	25	16.67±0.54Bc	17.78±1.92Bc
10	0	25.56±1.20Ca	34.44±2.94BCa
	3.125	22.22±0.73Ca	31.11±2.94Ba
	6.25	21.11±0.58BCa	26.67±1.11BCb
	12.5	17.78±0.49Cb	16.67±1.11Bc
	25	14.44±0.38BCb	15.56±1.11Bc
15	0	24.44±0.56Ca	31.11±1.11Ca
	3.125	23.33±0.52Ca	28.89±1.92Cab
	6.25	17.78±0.48Cb	24.44±1.11Cb
	12.5	13.33±0.45Dbc	16.67±1.92Bc
	25	11.11±0.41Cc	15.56±1.11Bc

6.1.3　干旱对种子萌发影响的机制

干旱是影响森林天然更新过程中种子萌发的重要生态因子之一（Swarn et al，1999；Day et al.，2008）。对许多植物来说，种子萌发阶段对环境胁迫高度敏感（McLaren and McDonald，2003）。本研究发现，PEG6000 模拟的干旱胁迫对云南蓝果树种子萌发有显著的抑制作用，且随着 PEG6000 浓度的增加，云南蓝果树种子的发芽率和发芽势都呈下降趋势，且萌发率和发芽势会随着 PEG6000 浓度的增加而显著降低。这与之前关于中轻度干旱胁迫会促进种子萌发的结论（Nepstad et al.，2002；Clark et al.，2003，2010；Rolim et al.，2005；Phillips et al.，2009；Barbeta et al.，2013）是相反的，意味着云南蓝果树种子萌发阶段对干旱胁迫的耐受性较弱。

一般说到干旱胁迫，研究人员大多只会想到水分缺失对植物的各种影响，然而，与水分密切相关的自毒作用也会抑制天然更新过程中种子萌发这一关键环节

(Rubles et al., 1999; Fernandez et al., 2008; Zhang et al., 2015)。研究表明，云南蓝果树根、茎和叶的浸提液不仅会对云南蓝果树种子萌发产生极显著的影响，且随着云南蓝果树浸提液质量浓度的升高，云南蓝果树种子的发芽势和发芽率都呈递减状态，即自毒作用可能是抑制云南蓝果树种子萌发的又一重要因素。另外，PEG6000 浓度和浸提液浓度之间交互作用的影响也是极显著的，说明干旱胁迫是通过对云南蓝果树的水分需求和自毒效应两者的共同作用，进而影响种子萌发，阻碍其天然更新，即 PEG 导致的水分缺失对云南蓝果树种子萌发的影响要强于干旱导致的自毒效应加剧的影响。因此，水分对云南蓝果树种子萌发的影响方式不是单一的，而是通过多种方式协同作用的。

据报道，导致很多地区森林更新失败的干旱是由气候变化引起的（Van Mantgem et al., 2009; Stone et al., 2012; Williams et al., 2013）。根据普文林场过去 55 年的气象记录，这期间云南自然分布区的气候发生了巨大的变化（刘文杰和李红梅，1997）。1960～2014 年，该地区的年平均降水量和相对湿度分别下降了 21.7%、6.3%（Zhang et al., 2017）。因此，气候变化导致的干旱可能是造成云南蓝果树天然更新困难的主要原因，进而导致该物种种群数量的减少。除了全球气候趋势的变化，云南蓝果树天然生境的小气候也受到了当地生产活动的影响。例如，原生境内的大量天然林不断被橡胶、咖啡、茶叶等经济林所取代，旁边的溪流逐渐干涸，远远满足不了云南蓝果树种子萌发和幼苗生长的水分需求。因此，云南蓝果树天然更新困难的根本原因可能源于原始栖息地以及小气候破坏导致的干旱胁迫。

综合分析表明，气候变化引起的干旱胁迫通过水分缺失和自毒效应加剧两种作用方式，共同影响了云南蓝果树天然更新过程中的种子萌发，严重影响了其种群的存活和生长，加剧了云南蓝果树这一极小种群生存状况的恶化。相较于自毒效应而言，干旱胁迫导致的水分缺失可能是导致云南蓝果树天然更新困难更重要的因素。因此，本研究基本解决了前面提出的科学问题，阐明了干旱对云南蓝果树种子萌发的影响机制，初步揭示了云南蓝果树濒危的原因和机制，为云南蓝果树的有效保护提供了科学理论依据，可促进全国极小种群野生植物的保护与恢复。

6.2 干旱对幼苗生长的影响

干旱胁迫是影响植物生长发育、生产力和光合作用等的重要环境因子(Smorenburg et al., 2003; Rigobertors et al., 2004)。特别是随着世界气候的急剧变化，全球温室效应加剧，导致很多地区发生干旱（Meehl and Tebaldi., 2004; Schärc et al., 2004),并引发很多森林天然更新困难甚至死亡（Allen et al., 2010; Barbeta and Peñuelas, 2013)。干旱期的长短很大程度上影响了幼苗的生长和存活，连续的降水过程或连阴雨天气才是幼苗发生的有利条件（Poorter and Hayashida-Oliver，2000；Engelbrecht and Kursar，2003）。另外，土壤水分是幼苗生长存活的关键因子，在光照强度大的森林中，由于蒸发量大，土壤含水量较低，森林内的幼苗在冬季干旱时容易大量死亡（McDowell et al.，2008）。而云南蓝果树的原生境所在地西双版纳地区 29 年（1974～2003 年）来平均的气候情况为：从 9 月至翌年 2 月，均处于旱季（刘文杰和李红梅，1997；宋富强等，2010）。干旱已经严重影响了云南蓝果树的种群延续和扩大。

丛枝菌根真菌（arbuscular mycorrhizal fungi，AMF）能改善植物养分吸收（Smith and Read，1997）、植株生长状况（Varma，1998；Rai et al.，2001）等。有研究表明，丛枝菌根能显著促进植物的生长（Wang et al.，2011）、提高植物养分吸收的能力（Veresoglou et al.，2011）、增强植物的抗逆性（如抗干旱、耐瘠薄和耐重金属污染等）和抗病性（Klironomos et al.，2000）。何跃军等（2008）观察到接种 AMF 的植物构（*Broussonetia papyrifera*）生长量及净光合速率都显著高于未接种的对照株。越来越多的研究证实 AMF 在植物抗旱过程中通过改善植物的养分平衡和水分利用效率，改善植物营养状况，增加植物幼苗的株高和生物量等生长指标（杨振寅和廖声熙，2005），增强植物的抗旱能力（吴强盛和夏仁学，2005；杨振寅和廖声熙，2005）。大量研究表明，在植物生长发育过程中叶片解剖结构特点最能反映植物的抗旱程度，且多项参数都与植物抗旱性相关，如叶片角质层厚度、栅栏组织厚度和气孔数量等（李芳兰和包维楷，2005；季孔庶等，2006；郭改改等，2013；任媛媛等，2014）。

因此，本章选用苯菌灵为杀真菌剂，能很好地抑制 AMF 的活性，降低其与植物形成共生体的机会，抑制丛枝菌根的形成。用盆栽方法人工模拟土壤干旱条件，研究正常供水和干旱胁迫条件下 AMF 对云南蓝果树幼苗的影响，进而揭示云南蓝果树濒危原因，可为其科学保育及种苗繁育提供理论依据。

6.2.1　野外原位条件下干旱对幼苗生长的影响

云南蓝果树幼苗只在整个实验期间的 9～11 月出现。盆钵处理和野外处理条件下的幼苗在第一个月的出现率分别为 23.89%和 0.85%，差异显著（图 6-3）。两种处理条件下的幼苗出现率在 11 月达到顶峰，分别为 56.61%和 23.69%。11 月末开始，再未见新的幼苗出现。

野外处理条件下，11 月的幼苗存活率为 23.69%，接着急剧减少，到了 12 月只剩下 10.50%，接着到了翌年 1 月，幼苗便全部死亡（图 6-4）。然而，盆钵处理条件下的幼苗存活率随着时间的变化没有发生显著变化，一直保持在 53.00%左右。

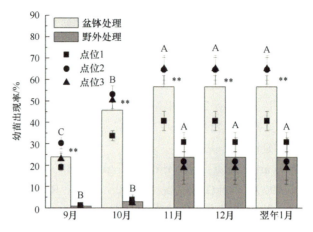

图 6-3 野外原位条件下盆钵处理和野外处理的云南蓝果树幼苗出现率随时间变化情况(Zhang et al., 2017)

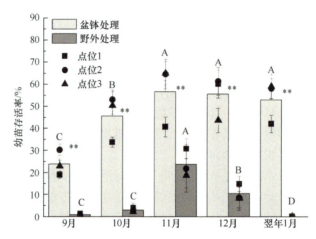

图 6-4 野外原位条件下盆钵处理和野外处理的云南蓝果树幼苗存活率随时间变化情况(Zhang et al., 2017)

6.2.2 干旱条件下丛枝菌根真菌对幼苗生长的影响

1. 干旱对云南蓝果树幼苗生长和光合特征的影响

本试验中采用苯菌灵灭菌的方法来抑制 AMF 对云南蓝果树实生苗根系的侵染，得到理想的结果，即杀真菌剂处理显著降低了云南蓝果树幼苗根侵染率，使得本试验中 AMF 处理的实生苗在生长和光合特征上的差异可以用苯菌灵处理导致的侵染差异加以解释。在不同水分处理条件下，施加苯菌灵处理显著降低了 AMF 对云南蓝果树的侵染率，从而形成低 AMF 处理（AMF0）（F=38.141，$P<$

0.01），而不施加苯菌灵的处理则形成高 AMF 处理（AMF1）。不管是高 AMF 处理还是低 AMF 处理，AMF 侵染率都随着土壤水分含量的降低显著下降（$F=11.093$，$P<0.01$；$F=37.175$，$P<0.01$）（表 6-5 和图 6-5）。

表 6-5　土壤水分处理

处理	W1	W2	W3	W4	W5	W6
土壤含水率（干重基础）/%	32.32±2.95	29.63±3.01	25.86±2.55	19.39±1.96	12.93±1.08	6.46±0.22
土壤水势/MPa	−0.10±0.022	−1.18±0.045	−2.30±0.076	−3.38±0.012	−4.46±0.136	−5.64±0.152

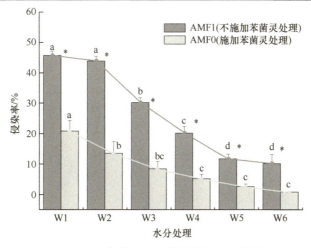

图 6-5　不同处理条件下云南蓝果树的丛枝菌根侵染率

表 6-6 表明，随着土壤相对含水量的降低，不管是 AMF 侵染率高还是低，云南蓝果树生长指标中除了相对生长速率和根冠比 2 个指标没有发生显著变化外，叶片数目、叶总面积、株高、总生物量、地下部分生物量、地上部分生物量、叶面积比和比叶面积等指标呈递减状态。生物量的分配方式也发生了显著的变化（$P<0.05$），地上部分生物量比和地下部分生物量比都呈现先升高后降低的趋势（表 6-6）。

在测定的 10 个生长指标中，AMF 处理的影响也不同（表 6-6）。W1 和 W2 条件下 AMF 处理对 9 个生长指标有显著影响；W3 条件下 AMF 处理对 8 个生长指标有显著影响；W4 条件下 AMF 处理对 4 个生长指标有显著影响；W5 条件下 AMF 处理对 5 个生长指标有显著影响；W6 条件下 AMF 处理只对 1 个生长指标有显著影响。因此，AMF 处理从土壤含水量处理为 W1 时便开始显著影响生长指标的特征值。当土壤过于干旱（W6）时，AMF 处理对其幼苗生长的影响并不显著。

由表 6-7 看出，随着土壤含水量的降低，不管是 AMF 侵染率高还是低，云南蓝果树光合特征指标中净光合速率（P_n）、蒸腾速率（T_r）和气孔导度（G_s），3 个指标呈显著递减状态。细胞间隙 CO_2 浓度（C_i）表现为上升的趋势，气孔限制值（L_s）表现为下降的趋势，而水分利用效率（WUE），则为先升后降的趋势。

表6-6 不同水分条件下AMF对云南蓝果树幼苗生长指标的影响（张珊珊等，2016b）

参数	有无AMF处理（0,低AMF；1,高AMF）	W1	W2	W3	W4	W5	W6	可塑性指数
叶总面积/cm²	AMF1	111.66±3.90aA	69.47±3.16bA	50.96±4.71bA	36.81±3.93bcA	23.15±4.47cdA	12.95±1.72dA	0.88
	AMF0	68.06±4.94aB	34.62±4.68bcB	19.60±3.29cdB	23.54±3.53cdA	11.45±1.51dA	10.04±0.92bA	0.85
叶片数目	AMF1	20.60±2.38aA	20.20±2.13abA	16.25±2.56abcA	11.20±1.58cdA	6.75±1.49dA	7.33±1.07dA	0.67
	AMF0	14.60±1.61aB	8.80±1.89bB	7.50±1.76B	8.00±1.84bA	5.50±1.32bA	5.50±1.02bA	0.62
株高/cm	AMF1	51.22±2.17aA	36.18±2.58bA	30.25±2.14bcA	27.75±2.28cdA	23.66±2.47cdA	2.63±1.95dA	0.56
	AMF0	33.15±2.62aB	23.81±2.57bB	21.18±1.99bB	20.85±2.56bA	20.85±2.45bA	18.96±2.39bA	0.43
相对生长速率	AMF1	17.79±2.29aA	14.64±3.55aA	13.45±3.77aA	10.05±2.28aA	9.19±2.28A	6.48±1.08aA	0.63
	AMF0	12.77±3.07aB	11.21±2.89aB	10.95±1.69aA	10.72±2.09aA	7.16±1.69aA	4.93±1.36aA	0.61
总生物量/(g/株)	AMF1	11.66±1.05aA	6.95±1.03bA	4.64±1.02cA	2.49±0.59cdA	1.54±0.51dA	1.03±0.27dA	0.91
	AMF0	6.09±1.04aB	2.00±0.98bB	1.26±0.95bB	1.12±0.36bB	0.90±0.08bA	0.96±0.06bA	0.85
地上部分生物量/g	AMF1	7.61±1.03aA	4.74±1.00bA	3.16±1.00cA	2.07±0.39cdA	0.76±0.24deA	0.60±0.21eA	0.92
	AMF0	4.14±1.01aB	1.36±0.95bB	0.92±0.30bcB	0.77±0.16bcB	0.54±0.06cA	0.51±0.08cA	0.88
地下部分生物量/g	AMF1	4.05±0.69aA	2.21±0.03bA	1.48±0.41bcA	0.84±0.03cdA	1.04±0.17cdA	0.43±0.07bA	0.89
	AMF0	1.95±0.25aB	0.64±0.023bB	0.34±0.03bB	0.34±0.02bB	0.35±0.01bB	0.41±0.07bA	0.83
地上部分生物量比	AMF1	0.69±0.11abA	0.73±0.12aA	0.72±0.14aA	0.69±0.05abA	0.61±0.03abA	0.57±0.07bA	0.22
	AMF0	0.65±0.04aA	0.68±0.06aA	0.67±0.07aA	0.56±0.33bA	0.56±0.31bB	0.57±0.09abA	0.18
地下部分生物量比	AMF1	0.35±0.04bcA	0.27±0.01cA	0.33±0.016cA	0.44±0.022bA	0.60±0.03aA	0.43±0.008bA	0.41
	AMF0	0.31±0.03bcA	0.32±0.03bcA	0.28±0.013cA	0.31±0.01bcA	0.39±0.014abA	0.43±0.007aA	0.28
根冠比	AMF1	0.55±0.11a	0.40±0.005a	0.52±0.004a	0.46±0.003a	0.53±0.006aA	0.51±0.002aA	0.28
	AMF0	0.47±0.125aA	0.47±0.003aA	0.43±0.001aA	0.46±0.006aA	0.42±0.001aA	0.46±0.001aA	0.24
叶面积比/(cm²/g)	AMF1	197.21±18.04abA	212.88±17.56aA	178.62±27.10abA	165.45±19.07bA	101.81±22.81cA	63.23±16.17dA	0.70
	AMF0	163.09±12.50aB	152.52±15.01aB	117.10±18.65bB	168.46±14.19aA	70.35±12.50cB	57.50±1.00cA	0.58
比叶面积	AMF1	302.27±29.21aA	295.93±25.63aA	262.38±28.63aA	199.18±17.56bB	206.30±14.05bA	157.77±12.06cA	0.48
	AMF0	239.89±22.55aB	223.78±14.53aA	159.75±6.08bB	243.34±15.01aA	117.13±18.68cB	107.71±15.01cB	0.34

注：表中同行不同小写字母表示不同水分条件下测量指标在0.05水平差异显著；同列不同大写字母表示不同AMF处理下测量指标在0.05水平差异显著。下同。

表 6-7 干旱条件下 AMF 对云南蓝果树幼苗光合特征的影响（张珊珊等，2016b）

参数	有无 AMF 处理（0，低 AMF；1，高 AMF）	W1	W3	W4	W5	W6	可塑性指数
P_n [μmol/(m²·s)]	AMF1	3.71±0.51aA	2.06±0.08cA	1.29±0.36dA	0.81±0.11eA	0.51±0.15eA	0.86
	AMF0	2.05±0.04aB	0.89±0.26cB	0.53±0.07dB	0.47±0.08dB	0.42±0.13dA	0.84
T_r [mmol/(m²·s)]	AMF1	1.61±0.04aA	0.84±0.22bA	0.51±0.04cA	0.38±0.05cdA	0.19±0.11dA	0.88
	AMF0	1.07±0.07aB	0.46±0.06cB	0.21±0.03dB	0.22±0.04dB	0.15±0.07dA	0.86
G_s [mol/(m²·s)]	AMF1	0.07±0.01aA	0.05±0.01abA	0.04±0.01bA	0.03±0.007bcA	0.02±0.003cA	0.7
	AMF0	0.05±0.01aA	0.02±0.008bcB	0.01±0.005bcA	0.01±0.005bcA	0.02±0.004cA	0.61
C_i /(μmol·m²)	AMF1	258.00±20.90cA	263.80±39.27cA	290.40±31.20bcA	325.20±31.14bA	372.40±15.87aA	0.41
	AMF0	203.60±16.49cB	233.00±30.23cB	248.40±23.14bcB	316.20±22.87abA	324.80±13.01aB	0.37
L_s	AMF1	0.86±0.01aA	0.84±0.08aA	0.83±0.02aA	0.79±0.02bA	0.78±0.01bA	0.12
	AMF0	0.83±0.01abB	0.82±0.03bA	0.81±0.02bcB	0.78±0.02cA	0.75±0.01dB	0.14
WUE/(mmol/mol)	AMF1	2.29±0.26aA	3.40±0.20aA	2.38±0.45aA	1.97±0.23aA	1.76±0.35aA	0.54
	AMF0	1.93±0.12bcA	2.15±0.26bA	1.89±0.38bcA	1.85±0.22bcB	1.74±0.24cB	0.31

表 6-8 生长指标抗旱性综合评分值（张珊珊等，2016b）

指标	W1		W2		W3		W4		W5		W6	
	AMF0	AMF1	AMF0	AMF1	AMF0	AMF1	AMF0	AMF1	AMF0	AMF1	AMF0	AMF1
叶片数目	0.47	0.44	0.42	0.46	0.45	0.57	—	0.72	0.35	0.40	0.30	0.44
株高	0.53	0.90	0.49	0.57	0.57	0.33	0.53	0.58	0.57	0.30	0.52	0.86
相对生长速率	0.40	0.68	0.48	0.35	0.51	—	0.40	0.46	0.44	0.33	0.36	0.08
P_n	—	0.60	—	0.56	0.44	—	0.53	—	—	0.59	—	0.29
WUE	—	0.53	—	2.35	0.55	—	0.32	—	0.34	0.35	0.30	0.52
总生物量	0.43	0.41	0.63	0.28	0.51	0.51	0.40	0.72	0.44	0.58	0.37	0.48
地上部分生物量	0.48	0.45	0.48	0.37	0.59	0.42	0.41	0.72	0.39	0.47	0.58	0.48
地下部分生物量	0.36	0.35	0.51	0.47	0.42	0.54	0.29	0.54	0.28	0.52	0.25	0.37
叶面积	0.92	—	0.42	—	0.44	—	0.56	—	0.38	—	0.23	—
地上部分生物量比	0.57	—	0.53	—	0.55	—	0.32	—	0.34	—	0.30	—
地下部分生物量比	0.43	—	0.47	—	0.45	—	0.04	—	0.47	—	0.47	—
平均隶属函数	0.51	0.55	0.49	0.68	0.50	0.54	0.40	0.54	0.41	0.45	0.38	0.44

注：— 表示无此数据。

在测定的生长指标中，AMF 处理的影响也不同（表 6-7）。W1 条件下 AMF 处理对 4 个光合特征有显著影响；W2、W3、W5 和 W6 条件下 AMF 处理对 3 个光合特征有显著影响；W4 条件下 AMF 处理对 4 个光合特征有显著影响。

生长指标方面，不管是高 AMF 还是低 AMF 条件下，总生物量、地上部分生物量、地下部分生物量、叶片数目，P_n、T_r 和 G_s 具有较高的可塑性指数；高 AMF 条件下，云南蓝果树幼苗各个参数及除 L_s 之外的其余 5 个光合特征指标都表现出较高的可塑性。通过对上述 18 个指标的综合分析，不同处理下云南蓝果树幼苗抗旱性的隶属函数结果列于表 6-8。由此可以看出，土壤水分含量在 W1～W6 范围时，高 AMF 处理都增加了云南蓝果树幼苗的平均隶属函数值，隶属函数值分别为 0.55、0.68、0.54、0.45、0.43 和 0.44，说明高 AMF 增强了其在各水分条件下的抗旱性。

2. 干旱对云南蓝果树幼苗根系活力的影响

根系对 2,3,5-三苯基氯化四氮唑（TTC）的还原强度与根系的呼吸作用有关，是衡量根系活力大小的重要指标。图 6-6 表明，随着土壤相对含水量的降低，云南蓝果树幼苗的根系活力呈递减状态，但 W1 和 W2 之间、W5 和 W6 之间的云南蓝果树幼苗根系活力差异不显著。这表明，随着水分胁迫的加剧，根系的呼吸强度变弱，根系活力变弱。

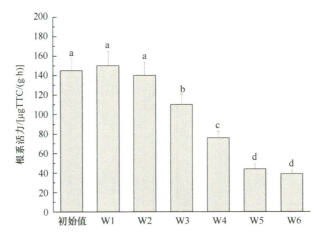

图 6-6 不同水分条件对云南蓝果树幼苗根系活力的影响

3. 干旱对云南蓝果树叶片解剖结构的影响

采集云南蓝果树苗期叶片，在电镜下观察组织解剖结构特征，结果表明，它们在不同处理条件下所表现出的叶片组织结构特征差异显著。如表 6-9 所示，在测定的叶片解剖结构的指标中，3 个指标（栅栏组织厚度、栅栏组织海绵组织厚度

第6章 云南蓝果树的天然更新

表6-9 干旱条件下AMF对幼苗叶片解剖结构指标的影响（张珊珊等，2016a）

参数	有无AMF处理（0，低AMF；1，高AMF）	W1	W2	W3	W4	W5	W6
AMF侵染率/%	AMF0	20.84±3.44aA	13.54±3.86bA	8.36±2.53bcA	5.14±1.47cA	2.51±0.94cA	0.78±0.05dA
	AMF1	45.66±1.30bA	43.86±1.57aB	30.10±1.66bB	20.19±2.14cB	11.62±1.70dB	10.14±3.09dB
叶片厚度/μm	AMF0	167.82±3.92dA	175.14±2.79dA	174.73±4.30cdA	176.24±3.30abcA	181.82±1.25aA	180.16±3.47aA
	AMF1	178.23±3.32dA	181.78±2.87cdA	186.59±3.32bcdA	190.73±3.21abcA	195.12±2.55aA	199.32±2.09aA
下表皮厚度/μm	AMF0	12.46±2.33cA	12.76±1.92cA	12.81±1.88bcA	12.27±2.12bcA	14.97±2.04abA	19.32±2.18aA
	AMF1	14.25±1.63cA	14.97±1.79bcA	15.85±2.00bcA	16.03±1.72bcA	19.32±2.09abA	20.06±1.49aA
角质层厚度/μm	AMF0	1.64±0.36bA	1.61±0.48bA	1.69±0.38bA	1.79±0.45abA	1.85±0.50abA	2.62±1.24aA
	AMF1	2.30±0.30cB	2.42±0.67cB	3.05±0.38bcB	3.86±0.56abB	4.05±0.67abB	4.95±0.65aB
上表皮厚度/μm	AMF0	21.05±2.49bA	23.22±2.35bA	24.62±1.97bA	26.05±2.62abA	27.89±1.03aA	28.16±1.72aA
	AMF1	28.62±1.83bA	32.26±1.76bB	33.48±1.76bB	36.48±1.91abB	40.25±1.99aB	45.79±2.08aB
栅栏组织厚度/μm	AMF0	34.08±2.66dA	39.58±1.81cdA	41.23±2.71bcA	42.88±1.70abA	47.11±1.51aA	47.37±1.44aA
	AMF1	50.56±2.08dB	52.68±2.08cdB	58.46±2.08bcB	63.26±2.31bB	66.18±2.38aB	68.05±2.21aB
海绵组织厚度/μm	AMF0	98.60±3.87bA	97.96±2.44aA	94.39±2.88aA	93.25±1.65abA	90.00±3.58bcA	82.69±3.54cA
	AMF1	92.50±2.08aA	89.45±2.00aA	85.75±2.95aB	80.50±1.97abB	75.32±2.03bcB	70.47±2.08cB
栅栏组织海绵组织厚度比	AMF0	0.38±0.11cA	0.42±0.06bcA	0.43±0.11bA	0.44±0.04bA	0.52±0.09aA	0.55±0.08aA
	AMF1	0.44±0.04cA	0.58±0.03bcB	0.67±0.04bB	0.77±0.04bB	0.85±0.05aB	0.92±0.05aB
叶片结构紧密度/%	AMF0	20.00±4.00aA	23.00±1.00aA	24.00±4.00aA	24.00±2.00aA	26.00±1.00aA	26.00±2.00aA
	AMF1	23.00±4.00aA	28.00±3.00aB	32.00±4.00aB	35.00±3.00aB	38.00±2.00aB	42.00±2.00aB
叶片结构疏松度/%	AMF0	59.00±6.00aA	56.00±5.00aA	54.00±5.00aA	53.00±2.00aA	49.00±5.00aA	46.00±4.00aA
	AMF1	52.00±3.00aA	49.00±3.00aA	46.00±2.00aA	42.00±3.00aA	39.00±4.00bB	35.00±2.00bB
气孔密度/（个/mm²）	AMF0	418.00±7.98aA	374.00±7.92abA	351.00±5.42bcA	304.00±6.14cA	130.00±4.23dA	98.00±4.50dA
	AMF1	400±3.69aA	385±3.03abA	350±3.07bcA	300±3.41bcA	263±3.04cB	250±2.53dB

注：表中同行不同小写字母表示不同水分条件下叶片的解剖结构指标在 $P<0.05$ 水平差异显著；同列不同大写字母表示不同AMF处理下叶片的解剖结构指标在 $P<0.05$ 水平差异显著。

比和气孔密度)在土壤水分 W3 处理时开始出现拐点，2 个指标(叶片厚度和角质层厚度)在土壤水分 W4 处理时开始出现拐点，3 个指标(上表皮厚度、下表皮厚度和海绵组织厚度)在土壤水分 W5 处理时开始出现拐点，叶片结构紧密度不受土壤含水量的任何影响。因此，当土壤水分为 W3 时，云南蓝果树叶片的结构就开始表现出对干旱胁迫的抗逆响应。以上结果说明随着干旱胁迫的加剧，云南蓝果树幼苗叶片各组织均表现出一定抗旱响应。

另外，随着干旱胁迫的加剧，云南蓝果树幼苗叶片结构都发生了不同程度的变化，在叶片解剖结构上主要表现为叶片增厚，细胞排列紧密，栅栏组织海绵组织厚度比增大，气孔密度减少等。轻度胁迫下差异不是很显著，但是重度胁迫下(土壤含水量小于 25.86%)叶片的解剖结构会发生显著变化，W6(6.46%)处理的叶片结构性状与 W1(32.32%)处理的解剖结构差异均显著。因此，轻度胁迫条件下，云南蓝果树幼苗叶片不会表现显著抗旱性的特征；重度干旱胁迫条件下，云南蓝果树幼苗表现出一定的抗旱性，但日渐减弱的抗旱效果必然会导致此物种的处境岌岌可危，如果不加以适当保护，此物种必将灭绝。因此，亟须对云南蓝果树开展科学保护。

通过对上述叶片解剖结构指标的综合分析，不同处理下云南蓝果树幼苗抗旱性的隶属函数结果列于表 6-10。结果显示，土壤水分含量在 W1~W6 范围时，高 AMF 处理(AMF1)都增加了云南蓝果树幼苗叶片解剖结构特征的隶属函数值，隶属函数值分别为 0.50、0.53、0.52、0.54、0.53 和 0.46，增强了其在各水分处理条件下的抗旱性。

表 6-10 叶片解剖结构抗旱性综合评分值(张珊珊等，2016a)

指标	W1		W2		W3		W4		W5		W6	
	AMF0	AMF1	AMF0	AMF1	AMF0	AMF1	AMF0	AMF1	AMF0	AMF1	AMF0	AMF1
叶片厚度	—	0.47	—	0.52	—	0.58	—	0.51	—	0.46	—	0.41
上表皮厚度	—	0.55	—	0.60	—	0.53	—	0.46	—	0.58	—	0.64
海绵组织厚度	0.39	—	0.57	—	0.40	—	0.67	—	0.60	—	0.39	—
栅栏组织海绵组织厚度比	0.44	—	0.38	—	0.46	—	0.44	—	0.34	—	0.40	—
叶片结构紧密度	0.49	0.48	0.27	0.49	0.51	0.57	0.39	0.54	0.00	0.54	0.39	0.39
叶片结构疏松度	0.49	0.48	0.27	0.49	0.51	0.57	0.39	0.54	0.29	0.54	0.39	0.39
隶属函数	0.45	0.50	0.37	0.53	0.53	0.52	0.40	0.54	0.26	0.53	0.39	0.46

4. 干旱对幼苗生理特性的影响

研究结果表明，云南蓝果树幼苗在受到干旱胁迫时，随着 PEG6000 浓度的增加，幼苗叶片丙二醛(MDA)含量呈上升趋势(表 6-11)，表明云南蓝果树早期幼苗受害程度随处理强度增加而增强；而超氧化物歧化酶（SOD）、过氧化物酶（POD）和过氧化氢酶（CAT）活性，以及脯氨酸、可溶性糖含量显著降低。因此，云南蓝果树幼苗面对不同程度的干旱胁迫时，不具备抵御干旱逆境的能力。另外，在干旱胁迫条件下，脯氨酸和可溶性糖含量大幅度降低，这说明在干旱胁迫情况下，云南蓝果树幼苗已经无法保持正常状态。随胁迫程度的加剧，脯氨酸和可溶性糖含量急剧减少，是其对干旱环境不适应的表现。根据云南蓝果树幼苗生理指标的变化，可以推测其在干旱胁迫条件下并不能启动抗氧化系统和渗透调节机制，尤其是不能启动后者去主动抵御不良环境，抗旱性较差，这为解释云南蓝果树天然更新过程中幼苗难以存活的现象奠定了生理基础。

表 6-11 PEG6000 模拟干旱胁迫对云南蓝果树幼苗生理特性的影响（张珊珊等，2016c）

PEG6000 浓度/%	生理参数					
	SOD/（U/g）	POD/[U/（g·min）]	CAT/（U/g）	MDA/（nmol/g）	可溶性糖/（mg/g）	脯氨酸/（μg/g）
0	420.67±24.01a	1.20±0.26a	136.23±24.06a	96.96±9.17b	3.15±0.37a	32.85±4.71a
5	341.56±20.55b	0.79±0.18b	123.25±19.52a	109.66±7.45b	2.01±0.27b	25.43±4.42a
10	251.00±17.52c	0.56±0.10b	90.00±9.54b	133.47±7.56a	1.53±0.15c	18.62±4.73b
15	236.43±12.01c	0.43±0.06c	72.33±8.02b	142.30±12.98a	1.35±1.58c	15.47±3.67b

注：同列不同小写字母表示不同 PEG6000 浓度下云南蓝果树幼苗的生理特性指标在 $P<0.05$ 水平差异显著。

6.2.3 干旱对幼苗生长影响的机制

干旱胁迫会限制植物的生长（徐飞等，2010）。本研究表明，干旱胁迫显著抑制了云南蓝果树幼苗的多个生长指标。土壤相对含水量较高时，幼苗具有较多的叶片和较大的叶面积，从而拥有较大的光合速率和生物量。随着干旱胁迫程度的增加，云南蓝果树幼苗的大部分生长指标都发生了显著的变化，如叶片数目、叶面积和株高等指标显著降低，这与有些研究发现的轻度胁迫条件下某些植物可以通过形态的可塑性作出适应相反，证明云南蓝果树缺乏应对干旱胁迫的策略；生物量分配方式也发生了显著变化，水分充足时，云南蓝果树将生物量较多地分配到地上部分的生长上，可以提高光合产量，满足植物的需要；而在干旱胁迫时，大多数植物会降低地上部分生物量的分配，将更多的资源分配到地下，从而获得更多的水分、营养和地下部分生物量，根冠比呈现先升高后降低的趋势（Ackerly and Bazzaz，1995；徐飞等，2010），然而，随着干旱胁迫的增加，云南蓝果树根冠比却没有发生显著的变化，这一定程度上揭示了云南蓝果树根部表型可塑性差的特点；生物量分配方式也发生了紊乱，例如，地上部分生物量比和地下部分生物量比都呈现先升高后降低的趋势；叶面积比（LAR）和比叶面积（SLA）是调控植物功能的重要性状（王满莲和冯玉龙，2005），水分充足时，云南蓝果树具有较大的 LAR 和 SLA，从而保证了较高的光资源捕获面积，两者共同保证了较高的生物量积累（徐飞等，2010）。干旱胁迫导致 SLA 的减少是适应干旱的一种表现（Abrams，1990；郑淑霞和上官周平，2007），因此云南蓝果树的 SLA 表现出较强的可塑性。

干旱影响植物的生长在很大程度上要归结于光合作用的响应，而光合作用对缺水特别敏感（孙存华等，2007；宋会兴等，2008；徐飞等，2010；陈昕等，2012）。付士磊等（2006）在研究杨树的光合作用与抗旱能力的关系时指出，在一定时间内，随胁迫程度的增加，叶片的净光合速率显著降低。气孔可以快速感应大气湿度或根系水势的变化，通过降低 G_s 可以有效防止水分散失。受旱植物为了尽量维持其 P_n，叶片 G_s 会降低。但是，随着水分胁迫程度的增强，C_i 和 CO_2 浓度达到平衡，出现先降低再升高的趋势，L_s 和 WUE 则先升后降（Lawlor and Tezara，2009）。本研究中，云南蓝果树的 P_n、T_r 和 G_s 3 个指标随着干旱程度的增加呈显著递减状态，WUE 则为先升后降的趋势。由此表明，干旱胁迫条件下云南蓝果树幼苗不仅获得的资源量较少，而且光合结构的伤害造成了资源利用率的低下，共同影响了云南蓝果树幼苗的生长。

叶片作为对生境变化最为敏感的器官之一，其形态结构会根据外界环境特征作出相应的调整（王勋陵和王静，1989；王淼等，2001；章英才和闫天珍，2003；党晓宏等，2013）。大量研究表明，栅栏组织越发达，叶片结构紧密度越高，植物耐旱性越强（李晓燕等，1999；杨九艳等，2009）。本研究发现，随着干旱胁迫的加剧，云南蓝果树幼苗叶片结构的多个指标都发生了不同程度的变化，在叶片解剖结构上主要表现为叶片增厚，细胞排列紧密，栅栏组织与海绵组织厚度比增大，气孔密度减少等。轻度胁迫下差异不是很显著，但是重度胁迫下（土壤含水量小于 25.86%）云南蓝果树叶片的解剖结构会发生显著变化，W6（6.46%）处理的叶片结构性状与 W1（32.32%）处理的解剖结构差异均显著。

干旱胁迫条件下 AMF 对植物生长的影响已有一些研究（贺学礼和赵丽莉，1999；梁宇等，2001；赵金莉和贺学礼，2007；宋会兴等，2008；田帅等，2013）。陈冬青等（2013）通过施加苯菌灵对云南蓝果树进行 AMF 处理，发现水分胁迫下 AMF 对黄顶菊的生物量和生理指标影响显著，AMF 共生能够促进黄顶菊对土壤水分和矿质营养的吸收，改变植物代谢活动，提高植物抗旱性。贺学礼和赵丽莉（1999）发现接种摩西球囊霉显著促进了小麦（*Triticum aestivum*）的营养生长和磷吸收，提高了叶绿素含量，增强了光合作用。贺学礼和李生秀（1999）采用土培试验研究了水分胁迫条件下接种摩西球囊霉对玉米营养生长和抗旱性的影响。贺学礼等（2011）发现，不同水分条件下，接种 AMF 提高了民勤绢蒿的生长和抗旱性。本试验中丛枝菌根的处理对干旱胁迫条件下云南蓝果树幼苗的生长产生了较大的影响，AMF 侵染率与多个生长指标呈显著正相关关系。在胁迫前期，AMF 对云南蓝果树幼苗的作用明显，但是到了胁迫后期，干旱胁迫对其影响大于AMF 的影响，导致 AMF 对重度干旱胁迫条件下的云南蓝果树幼苗没有作用。

AMF 可以提高光合作用效率，增强宿主植物的抗旱性（梁宇等，2001；宋会兴等，2008；田帅等，2013）。很多研究发现，AMF 可以提高多种植物叶片的净光合速率（P_n）、蒸腾速率（T_r）、增加了气孔导度（G_s）和水分利用效率（WUE），水分胁迫下促进作用更加显著（Sánchez-Blanco et al.，2004）。Morte 等（2000）在向日葵上也得出接种菌根能提高蒸腾速率、气孔导度和净光合速率等结论。本试验中 AMF 处理对云南蓝果树幼苗的光合特征产生了较大的影响，AMF 处理能够提高云南蓝果树幼苗的光合速率、蒸腾速率、气孔导度及水分利用效率等参数，增强其抗旱能力，这无论对菌根化育苗，还是云南蓝果树生态恢复都将具有极其重要的实践意义，而且云南蓝果树幼苗生长指标和光合参数之间的相关性比较强，意味着 AMF 处理导致的净光合速率等光合能力的提高，可使得云南蓝果树幼苗生长指标的数值增加。

随着干旱胁迫的加剧，AMF 处理会显著影响越来越多的叶片结构指标。土壤含水量为 25.86%时，高 AMF 下的叶片角质层厚度、栅栏组织厚度、上表皮厚度、栅栏组织海绵组织厚度比、叶片结构紧密度、海绵组织厚度和叶片结构疏松度多个指标开始显著高于低 AMF 处理条件下的指标值，至土壤含水量为 19.39%、12.93%和 6.46%三种水分条件为止，没有出现新的指标对 AMF 处理作出反应，意味着土壤含水量 25.86%是云南蓝果树开始表现抗旱性的水分条件的阈值，可以作为对云南蓝果树幼苗进行干旱胁迫响应机制分析的依据。另外，W3（25.86%）、W4（19.39%）和 W5（12.93%）处理条件下苯菌灵处理的效果较 W6（6.46%）处理时更显著，这是因为极度干旱胁迫严重抑制 AMF 的侵染，而 AMF 侵染程度会影响云南蓝果树幼苗的抗旱性。而且，AMF 处理与云南蓝果树幼苗多个叶片解剖结构特征值之间具有显著相关性，显著增强了植株的抗旱性；AMF 侵染率与云南蓝果树幼苗叶片的角质层厚度、海绵组织厚度、上表皮厚度等 5 个叶片解剖结构性状呈显著相关，随着 AMF 侵染率的升高，角质层厚度、上表皮厚度和栅栏组织海绵组织厚度比数值会显著增加，而海绵组织厚度和叶片结构疏松度则会显著降低，证明了高 AMF 可以增强代表云南蓝果树幼苗叶片抗旱性的形态结构性状。

研究证实水分显著影响 AMF 侵染率。Kaya 等（2003）发现 AMF 侵染会显著提高黄瓜的产量及水分利用效率。但是，从云南有气象记录的 1961 年以来，云南的年降水量则出现减少的趋势，半个世纪以来年降水量减少了 39 mm，减少速率为–8 mm/10a，其中夏季和秋季减少趋势明显低于春季和冬季。最显著的例子是云南蓝果树原产地西双版纳年降水日由 20 世纪 50 年代的每年 270 d 锐减到目前的 150 d；年雾日由 180 d 减少到 30 d，以往湿润的热带雨林气候已经发生明显变化。这有可能是导致云南蓝果树菌根侵染率降低的主要原因,而 AMF 侵染率的降低,影响了云南蓝果树幼苗的抗旱性。

综合云南蓝果树幼苗的抗旱性研究结果,云南蓝果树幼苗的叶片解剖结构、根系活力、生长和光合特征及幼苗生理指标都对干旱胁迫作出了不同的响应,揭示了云南蓝果树抗旱性差的特征,干旱胁迫已经成为影响云南蓝果树种群延续和扩大的关键因子之一。轻度胁迫条件下,云南蓝果树幼苗叶片不会表现显著抗旱性的特征,因此会导致此物种天然更新困难;重度干旱胁迫条件下,云南蓝果树幼苗会表现出一定的抗旱性,但是日渐减弱的抗旱效果必然会导致此物种的处境岌岌可危。较弱的抗氧化活性和渗透调节能力,使云南蓝果树早期幼苗对干旱环境具有非常差的耐受性。因此,自然生境中云南蓝果树幼苗数量少,天然更新困难很大程度上归结于当地生境的干旱,尤其是气候变化导致了降水量下降和温度升高等极端天气的发生。同时,云南蓝果树原生境及其周边区域的天然林不断被橡胶、咖啡、茶叶等经济林所取代,云南蓝果树适生地的小气候被改变,加剧了云南蓝果树生境的干旱,因此,亟须对云南蓝果树开展科学有效的保护。目前对云南蓝果树采取了一系列保护措施,如就地保护、近地保护、迁地保护和回归引种等。然而,保护地的云南蓝果树近几年开始出现生长缓慢、部分死亡的现象,对云南蓝果树采取进一步的保护措施迫在眉睫。基于本研究云南蓝果树抗旱性不强的结果,建议将云南蓝果树种植在水源充足的生境,以便为云南蓝果树生长提供足够的水分。

6.3　光强对幼苗生长的影响研究

光强是影响森林植物生长及光合特征的重要生态因子(夏江宝等,2008;Van Mantgem et al.,2009;Williams et al.,2013)之一。热带雨林下的光强会影响热带雨林中幼苗的生长(Li and Ma,2003;闫兴富和曹敏,2007),很多研究发现林冠下的隐蔽环境更有利于热带树种幼苗生长(Sasaki and Mori,1981)。综合野外测量结果,云南蓝果树天然生境林下的光照强度很低,种子萌发至幼苗形成初期大都处于林下隐蔽环境。据袁瑞玲等(2013)报道,强光是有利于种子萌发的,但是,光强对其幼苗的影响如何,以及土壤水分含量和光强又会对云南蓝果树幼苗生长发育和生理生态特征产生怎样的交互作用,都不得而知。因此,本试验基于野外天然生境中的光照水平和土壤水分水平,采用盆栽方法人工模拟不同的光强与土壤水分梯度处理,探讨不同光强和土壤水分对云南蓝果树幼苗生长指标及光合指标的影响,为云南蓝果树天然种群恢复、生境保护与恢复、人工种群重建奠定一定的生态学基础。

6.3.1 光照强度对幼苗生长的影响

对云南蓝果树幼苗遮阴半年,测量其幼苗的生长指标和光合指标,结果表明,它们在不同处理条件下所表现出的差异显著(表6-12)。如表6-12所示,测定的11个指标在不同光强处理间都有显著性差异。其中,60%光照处理下其叶总面积、叶片数目、株高、地上部分生物量和地下部分生物量均高于其他两种光强处理,同时,在20%光照环境下,叶总面积、叶片数目、株高、地上部分生物量和地下部分生物量均显著低于100%光照处理(表6-12)。但是,60%光照处理和100%光照处理下的光合指标差异不显著,两者与20%光照处理下的光合指标差异显著(表6-12)。通过对上述11个指标的综合分析,不同处理下云南蓝果树幼苗对光照强度响应的主成分得分结果列于表6-13。从表6-13可以看出,60%透光强度条件下云南蓝果树幼苗的主成分得分最大,均高于100%和20%光强下的隶属函数值,说明60%光照处理的苗木综合情况最好。

表6-12 光强对云南蓝果树幼苗生长指标和光合特征的影响(张珊珊等,2018b)

参数	光强		
	100%光照	60%光照	20%光照
叶总面积/cm^2	60.420±6.687B	111.683±9.865A	20.323±2.764C
叶片数目	18.537±1.916A	20.643±2.065A	5.997±0.631B
株高/cm	21.243±15.395B	51.450±6.378A	20.233±2.980B
地上部分生物量/g	3.807±0.381B	7.645±0.683A	0.542±0.067C
地下部分生物量/g	2.013±0.206B	4.071±0.478A	0.965±0.327C
P_n/[μmol/(m^2·s)]	3.676±0.380A	3.753±0.467A	0.413±0.055B
T_r/[mmol/(m^2·s)]	1.294±0.036A	1.650±0.362A	0.313±0.045B
G_s/[mol/(m^2·s)]	0.059±0.006A	0.100±0.059A	0.058±0.036A
C_i/(μmol·m^2)	257.133±17.116B	259.467±14.655B	356.433±26.920A
L_s	0.448±0.036A	0.459±0.031A	0.257±0.056B
WUE/(mmol/mol)	2.064±0.236A	2.307±0.219A	1.320±0.014B

注:同一行或者同一列不同字母代表有显著差异。

表6-13 主成分得分和不同光照强度的评价得分(张珊珊等,2018b)

处理	主成分1	主成分F2	得分	综合评价名次
100%光照	43.642	−105.779	−12.249	2
60%光照	56.961	−160.788	25.625	1
20%光照	52.090	−120.115	−38.623	3

6.3.2 光强对幼苗生长的影响机制

光强对一些阴生植物的生长发育具有重要作用（陈韵，2013）。前期调查发现，云南蓝果树在天然生境中低光强下生长困难，很有可能是受低光强的限制作用。室内受控试验结果发现，光强不足是造成云南蓝果树幼苗生长较差、光合水平低、水分利用效率低的主要原因，但是云南蓝果树幼苗的生长指标和光合指标并不随着光强的增强而呈线性增加的趋势，100%光强下的生长指标和光合指标仅显著高于20%低光强条件，并不高于60%光强条件。试验结束时，100%光强处理下的云南蓝果树幼苗顶端出现不同程度的日灼伤情况。这与邹伶俐等（2012）和孙佳音等（2007）的研究结果一致，适度遮阴一定程度上可提高南方红豆杉和芒萁的净光合速率，并出现强光下的光抑制现象。很多研究表明适当的遮阴处理可有利于植物苗木的生长发育（张露等，2006；金鑫等，2009；孙灿岳，2014）。例如，Cao和Zhang（1997）的研究发现热带雨林里只有1%～2%林冠层的光照能够到达森林地面，林下幼苗的生长状况很差。同样，闫兴富和曹敏（闫兴富和曹敏，2007）发现适度遮阴更利于望天树幼苗的生长，强光照和深度遮阴下很多热带雨林植物幼苗的相对生长率都很低（Augsberger，1984；Veenendaal et al.，1996）。很多研究表明，阴生植物喜光但怕强光直射，如果光照太强，很有可能会发生日灼病（陈韵，2013），而适当遮阴可以促进其生长（孙灿岳，2014）。因此，云南蓝果树初步被判断为阴生植物。大量试验证明，阴生植物比阳生植物具有较低的表型可塑性、抗逆性较差。这也就解释了云南蓝果树抗旱性差的特征。而且，主成分分析（principal components analysis，PCA）结果表明，60%光强下各指标的综合评价得分最大，进一步证明了适度遮阴可以促进云南蓝果树的幼苗生长，而光强过高或过低，都不利于其生长发育。

综合分析表明，天然生境过低的光强水平已经成为限制云南蓝果树幼苗生长发育，甚至天然更新的关键生态因子，说明其对光强响应很敏感，尤其对逆境的适应能力较差。中等光照强度（60%）最适合云南蓝果树的生长。因此，无论是种苗繁育，还是种群恢复与重建时（Yang et al.，2017），都应在本试验研究结果的基础之上，考虑光强的影响，对幼苗施以适当的光强和水分补给，促进幼苗的生长，进而促进各种保护措施的成功实施。

6.4 森林凋落物对天然更新的物理和化学影响

种子的成功萌发和幼苗的顺利成活受森林凋落物的影响（Jensen and Gutekunst，2003；彭闪江等，2004；汤景明和翟明普，2005）。林内较厚的凋落物会影响森林的天然更新（彭少麟和邵华，2001；徐振邦等，2001；Watanabe et al.，2013；周艳等，2015）。凋落物数量和天然更新幼苗数量呈负相关关系（羊留冬等，2010）。凋落物对幼苗存活和生长的作用是与种子掉落的位置密切相关的，因为这决定了种子萌发所需要的光照（Eckstein and Donath，2005），及其到达种子–土壤界面的能力（Rotundo and Aguiar，2005）。种子可能萌发的掩埋深度阈值，因植物种类和种子大小的不同而改变（Guo et al.，1998；Jensen and Gutekunst，2003）。种子萌发随着在凋落物位置中的不同而不同，进而影响树种的天然更新，导致其濒危（Navarro-Cano，2008）。森林凋落物还会通过化感作用影响树木种子的发芽和幼树的生长，从而影响天然更新（Bosy and Reader，1995；Yirdaw and Leinonen，2002；Raniello et al.，2007）。

本节详细介绍了云南蓝果树凋落物对其种子萌发和幼苗的物理影响及化感效应，进而揭示其对天然更新的作用，探讨可能影响极小种群野生植物云南蓝果树天然更新的关键生态因子。

6.4.1 凋落物对种子萌发和幼苗生长的影响

野外原位试验中，去除凋落物处理对云南蓝果树种子萌发率和幼苗株高都有显著的影响。虽然在处理后的第一个月（9月25日），去除凋落物处理对云南蓝果树的种子萌发和幼苗株高没有显著的影响（$P>0.05$）；但是随着处理时间的增加，在处理后的第二个月（10月15日）和第三个月（12月30日）时，去除凋落物处理显著提高了云南蓝果树种子的萌发率和幼苗的株高（$P<0.05$）（表6-14）。至翌年1月底，幼苗全部死亡。

表6-14 凋落物处理对云南蓝果树种子萌发和幼苗株高的作用（张珊珊等，2016d）

指标	处理	日期			
		9月25日	10月15日	12月30日	1月25日
种子萌发率/%	无凋落物	0.00±0.00a	0.00±0.00a	3.64±0.93a	0.00±0.00a
	有凋落物	0.00±0.00a	0.00±0.00a	2.07±0.44a	0.00±0.00a
株高/cm	无凋落物	0.71±0.15a	2.53±0.77a	36.60±5.36a	0.00±0.00a
	有凋落物	0.30±0.05b	0.82±0.15b	4.67±1.15b	0.00±0.00a

6.4.2 凋落物厚度与位置对种子萌发和幼苗生长的影响

由表6-15可以看出，凋落物厚度和凋落物位置对云南蓝果树种子萌发和幼苗的影响差异都显著。对照组种子的萌发率及幼苗的存活率、株高、叶片数量、地上部分生物量和地下部分生物量5个生长指标最高；播种在1倍凋落物下方的云南蓝果树种子萌发率及幼苗的 5 个生长指标显著低于对照（$P<0.05$）；随着凋落物厚度的增加，云南蓝果树种子的萌发率和幼苗的 5 个生长指标显著降低（$P<0.05$），即播种在 2 倍凋落物下方（处理 2）的云南蓝果树种子萌发率及幼苗的 5 个生长指标显著低于对照和 1 倍凋落物处理（$P<0.05$），但是与播种在凋落物上方处理（处理 3）间的结果没有显著差异（$P>0.05$）。

表 6-15　凋落物厚度和播种位置对云南蓝果树种子萌发和幼苗的物理影响（张珊珊等，2016d）

处理	种子萌发率/%	存活率/%	株高/cm	叶片数量	地上部分生物量/g	地下部分生物量/g
CK	47.38±4.15a	42.68±3.06a	42.40±2.79a	31.20±3.56a	10.86±1.57a	8.34±1.46a
处理 1	30.05±4.63b	24.35±4.39b	30.69±2.67b	23.43±3.64b	6.64±0.62b	4.98±0.39b
处理 2	19.79±3.91c	7.23±2.38c	21.43±3.27c	12.13±2.01c	3.24±0.95c	2.03±0.26c
处理 3	19.05±2.97c	7.34±1.54c	20.68±4.05c	10.09±1.97c	3.09±0.76c	1.94±0.34c

注：同列中相同字母为差异不显著，不同字母为差异显著（$P<0.05$）。下同。

6.4.3　凋落物浸提液对种子萌发和幼苗生长的影响

由表 6-16 可知，不同浓度的凋落物浸提液对云南蓝果树种子萌发率及幼苗的株高、叶片数量、地上部分生物量和地下部分生物量的影响相似，与对照的差异显著（$P<0.05$）；当凋落物浸提液浓度为 0.625% 时，云南蓝果树幼苗的株高、叶片数量、地上和地下部分生物量与对照间没有显著差异（$P>0.05$）。随着凋落物浸提液浓度的增加，云南蓝果树幼苗的株高、叶片数量、地上和地下部分生物量显著降低（$P<0.05$）。当凋落物浸提液浓度为 2.500% 和 5.000% 时，云南蓝果树幼苗的株高、叶片数量、地上和地下部分生物量最低，两处理间差异不显著（$P>0.05$）。

表 6-16　凋落物浸提液对云南蓝果树种子萌发和幼苗的化感影响（张珊珊等，2016d）

浓度/%	种子萌发率/%	株高/cm	叶片数量	地上部分生物量/g	地下部分生物量/g
0	41.65±1.82a	42.40±2.79a	31.20±3.56a	10.86±1.57a	8.64±1.46a
0.625	35.98±2.35b	37.80±7.40ab	28.40±2.30a	9.74±1.27a	8.47±0.55a
1.250	30.49±0.89c	30.50±5.20bc	17.50±1.29b	4.37±0.61b	2.38±0.30c
2.500	16.23±0.89d	27.25±5.56cd	13.25±2.75c	3.67±1.50bc	1.58±0.72cd
5.000	9.79±1.82d	21.05±4.64d	9.50±3.00c	2.23±0.42c	1.27±0.26d

随着凋落物浓度的升高，种子萌发率和幼苗的 4 个生长指标都显著降低，云南蓝果树种子萌发率及幼苗的 4 个生长指标都受到其凋落物的显著抑制作用，且抑制程度随着浓度的升高而显著增加，这与"云南蓝果树凋落物的物理影响"中凋落物厚度（浓度）的增加对云南蓝果树种子的萌发率和幼苗的抑制显著增强的结果是一致的。

6.4.4 凋落物对根部 AMF 侵染率的影响

图 6-7 显示,凋落物处理显著降低了 AMF 对云南蓝果树幼苗根的侵染率。当凋落物浸提液浓度为 0.625%时,云南蓝果树幼苗根部的 AMF 侵染率为 45.86%,与对照(47.66%)间没有显著差异($P>0.05$)。随着凋落物浸提液浓度的增加,AMF 侵染率显著降低($P<0.05$)。当凋落物浸提液浓度为 2.500%和 5.000%时,云南蓝果树幼苗根部的 AMF 侵染率最低,分别为 21.62%和 20.19%,两处理间差异不显著($P>0.05$)。

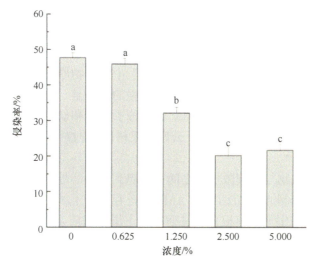

图 6-7 不同处理条件下云南蓝果树幼苗的 AMF 侵染率

6.4.5 凋落物对天然更新影响的机制

凋落物抑制森林天然更新过程中的种子萌发和幼苗生长(Janecek and Lepš,2005;Li et al.,2010;杨占彪等,2011),成为植物种群动力学研究中的主要瓶颈(羊留冬等,2010;周艳等,2015)。许多研究证实森林凋落物降低了种子萌发率和幼苗的成活率(蒋有绪,1981;Pierson and Mack,1990;Scariot,2000;刘尚华等,2008)。

研究发现,凋落物对种子萌发和幼苗生长的影响是一个有关物理和化学等共同作用的综合且复杂的过程(Facelli and Pickett,1991;Bosy and Reader,1995;羊留冬等,2010)。Rotundo 和 Aguiar(2005)、Navarro-Cano(2008)发现凋落物会阻断种子与土壤的接触,增加机械阻碍,阻止或延迟幼苗到达土壤表面的时间,从而减少其萌发可能性和幼苗定居机会;另外,凋落物会遮阴,减少光照,影响需光先锋树种的种子萌发和幼苗生长（Fujii et al.，2004）。本研究通过室内受控实验模拟野外凋落物作用的情况，结果表明：凋落物的不同位置和不同浓度显著影响了云南蓝果树的种子萌发和幼苗生长。研究证实了过厚的凋落物层是影响云南蓝果树天然更新的物理因素之一，其原因有2个方面：①凋落物层加厚，掉落于枯枝落叶上的种子吸收不到充足的水分而不能萌发，即使萌发也扎根困难；②凋落物层加厚，使种子萌发所需的光照降低，导致云南蓝果树在较厚的凋落物层下难以萌发成苗，萌发幼苗又因凋落物的机械阻力难以生长。另外，很多学者已经研究证明凋落物在降解过程中会通过释放化感物质抑制种子萌发和幼树的生长（Facelli and Pickett，1991；Bosy and Reader，1995；Fujii et al.，2004）。某些树种的凋落物浸提液被证实对自身种子萌发和幼苗生长有自毒作用（职桂叶等，2003；黄闽敏等，2005；Hovstad and Ohlson，2008）。本研究发现，凋落物浸提液对云南蓝果树种子萌发和幼苗生长均具有显著抑制作用，且与浸提液的浓度呈正相关关系。这与"云南蓝果树凋落物的物理影响"中凋落物厚度（浓度）的增加对云南蓝果树种子的萌发率和幼苗的抑制显著增强的结果是一致的。加上前期研究证实云南蓝果树的根、茎、叶都具有抑制自身种子萌发和幼苗生长的自毒作用（张珊珊等，2014），一定程度上解释了云南蓝果树凋落物对其天然更新影响的化学机制。

化感物质在植物与土壤微生物之间往往起到一种信号传导的作用，凋落物可能通过化感物质抑制AMF的生长。AMF广泛存在于土壤中，它能与绝大部分高等植物营养根系共生形成菌根，促进宿主对土壤中矿质元素N、P、K、Cu、Zn等的吸收并提高根系对病原菌的抵抗能力，在植物生长发育中起着重要作用（职桂叶等，2003）。Robert和AnderSon（2001）的试验证明葱芥（*Alliaria petiolata*）的水提液能够阻止AMF孢子的萌发，抑制AMF与本地宿主植物番茄（*Lycopesieum esculentum*）形成共生体。在探讨云南蓝果树凋落物浸提液对其幼苗生长作用机制的实验中发现，云南蓝果树凋落物处理显著降低了AMF对云南蓝果树幼苗根的侵染率，且随着凋落物浸提液浓度的增加，AMF侵染率显著降低，抑制了AMF共生体的形成。而且，云南蓝果树凋落物浸提液对AMF的影响与云南蓝果树凋落物浸提液对其幼苗的作用趋势是一致的，即当凋落物浸提液浓度为0.625%时，云南蓝果树幼苗根部的AMF侵染率和幼苗生长指标都高于对照，当凋落物浸提液浓度为2.500%和5.000%时，云南蓝果树幼苗根部的AMF侵染率和幼苗生长指标最低，两处理间差异不显著。基于"化感作用—丛枝菌根真菌—植物生长"的反馈关系，被凋落物浸提液影响的AMF共生体的形成也许正是云南蓝果树凋落物浸提液抑制幼苗生长的间接原因，这一定程度上揭示了云南蓝果树凋落物浸提液对其幼苗生长的作用机制。

综合分析表明，云南蓝果树凋落物对其种子萌发和幼苗生长均产生了显著的影响，可被认为是影响其天然更新的关键因子之一。目前对云南蓝果树开展了一系列保护措施，如就地保护、近地保护、迁地保护和回归引种等。然而，保护地的云南蓝果树近几年开始出现生长缓慢、部分死亡的现象，对云南蓝果树采取进一步的保护措施迫在眉睫。基于本研究云南蓝果树凋落物对其天然更新影响的结果，在对云南蓝果树开展保护措施的过程中，建议定期清理云南蓝果树林中的凋落物，以便消除凋落物对云南蓝果树的影响。本实验结果初步揭示了云南蓝果树天然更新困难甚至濒危的机制，为促进极小种群物种的有效保护与恢复提供了理论依据。

第 7 章 云南蓝果树的保护遗传学研究

7.1 遗传多样性

云南蓝果树天然种群规模极小，自然更新能力差，已低于稳定存活界限，濒临灭绝，拯救保护已经刻不容缓。以往对云南蓝果树的研究主要集中在形态学、系统发育及种子萌发特性等方面（孙宝玲和张长芹，2007；孙宝玲等，2007；袁瑞玲等，2013），没有从分子水平探究其濒危机制的研究。然而，物种保护的最终目标是保证种群的长期生存和进化潜力（Cao et al.，2006），遗传多样性研究是成功保护濒危植物的重要保障（Hamrick and Godt，1996），了解物种水平上的遗传多样性信息是设计有效保护措施的基础，开展就地保护、近地保护和回归引种等保护措施，都需要遗传多样性研究结论的指导。遗传多样性研究方法有很多种，其中基于 PCR 技术的简单重复序列间（ISSR）标记方法由于具有不需要背景或遗传图谱研究信息，且实验操作方法通用性强等特点，已广泛地应用于遗传多样性分析（晏慧君等，2006；魏玉杰等，2012；李瑞奇等，2014）。采用 ISSR 标记方法对云南蓝果树子代进行研究，分析云南蓝果树的遗传多样性水平，揭示其濒危机制，可为科学有效保护云南蓝果树提供遗传学基础信息。

7.1.1 研究方法

（1）试验材料

从西双版纳州普文镇普文林场云南蓝果树野外种群仅存的 3 株母树采集种子，育苗 64 株。其中，第 1、第 2 株母株子代均为 21 株，编号分别为 1~21 和 22~42，第 3 株母株子代为 22 株，编号为 43~64。以 64 株幼苗为样本进行采样，采样时间为早晨 8：30~10：00，选取健康幼嫩叶片，于冰壶中带回实验室，用蒸馏水清洗干净、擦干，用液氮冷冻研磨后置于-70℃超低温冰箱保存备用。

供试 100 条 ISSR 引物采用加拿大哥伦比亚大学提供的序列，由生工生物工程（上海）股份有限公司合成。*Taq* DNA 聚合酶为北京全式金生物技术股份有限公司的产品。

（2）试验方法

采用改良 CTAB 法（张玉晶等，2011）提取 DNA，以 1 μL λDNA 为参照，取云南蓝果树 1 μL DNA 提取液在 0.8%琼脂糖凝胶中进行电泳，染色，拍照检测，检测提取后的 DNA 质量，−20℃保存备用；然后，从 100 条 ISSR 引物中筛选能扩增清晰明亮且重复性好的谱带的 12 条引物，对 64 个样本进行 ISSR-PCR 扩增。

7.1.2 结果与分析

物种水平上，64 份云南蓝果树材料间共检测出 77 个等位基因，多态性条带 58 个。每个 ISSR 位点可检测到的等位基因数目为 4～10 个，平均每个 ISSR 引物检测到 6.42 个等位基因，多态位点百分率（PPL）变动范围为 50.00%～87.50%，平均值为 74.65%，DNA 分子量片段为 300～5000 bp。不同引物扩增结果有较大差异（表 7-1）。由 POPGENE 软件计算得出：云南蓝果树等位基因数 $Na=1.7532$，有效等位基因数 $Ne=1.5804$，Nei's 基因多样性 $He=0.3206$，Shannon's 指数 $I=0.4627$。等位基因数 Na 与有效等位基因数 Ne 两个数值较为接近，说明云南蓝果树群体中纯合体多，杂合体不足，表明云南蓝果树多样性水平低。另外，不同引物多态性信息含量（PIC）值的变动范围为 0.15～0.44，平均 PIC 值为 0.27。其中，低于 0.25 的有 5 条引物，占总引物数的 41.7%，在 0.25～0.5 的有 7 条，占总引物数的 58.3%，按 Bostein 等（1980）提出的衡量基因变异程度高低的多态性信息含量（PIC）指标，当 PIC＞0.5 时，该基因座为高度多态基因座；0.25＜PIC＜0.5 时，为中度多态基因座；当 PIC＜0.25 时，则为低度多态基因座。因此，云南蓝果树的遗传多样性为中度偏低的水平。

表 7-1 不同引物的多态性（向振勇等，2015）

引物	等位基因	多态性条带	多态位点百分率/%	多态信息含量
P807	5	4	80.00	0.44
P808	4	3	75.00	0.18
P809	7	5	71.43	0.33
P810	6	5	83.33	0.31
P811	10	8	80.00	0.24
P814	7	6	85.71	0.22
P815	5	3	60.00	0.15
P820	5	4	80.00	0.38
P822	7	5	71.43	0.19
P825	6	3	50.00	0.31
P826	8	7	87.50	0.27
P827	7	5	71.43	0.25
总和	77	58	—	3.27
平均值	6.42	4.83	74.65 ±0.01	0.27 ±0.01

采用非加权组平均法（UPGMA）对 64 株云南蓝果树进行聚类分析（图 7-1），在遗传相似系数 0.68 处可被分为 2 类。第 1 类包括 63 株，占总株数的 98.44%，第 2 类包括 1 株，占总株数的 1.56%。种群内的遗传分化可用 Shannon's 指数进行估算，指数越大遗传多样性越大，种群分化的程度越高。将 64 个云南蓝果树样本随机以 3 为基数进行含有不同个体数量的群体划分，并进行 Shannon's 指数计算。计算结果显示：随着样本数量增加，Shannon's 指数随之增加；但当样本数达到

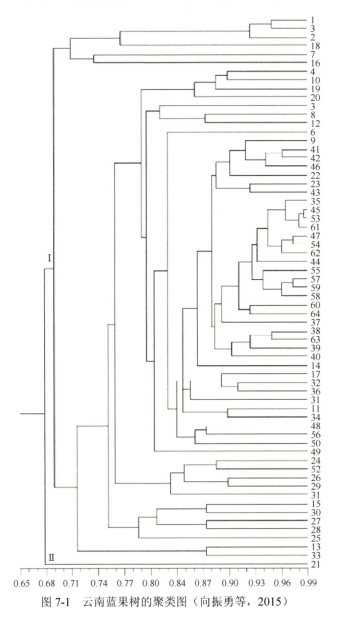

图 7-1　云南蓝果树的聚类图（向振勇等，2015）

24 株以上时,Shannon's 指数相对稳定,不再增加(图 7-2);且样本数达到 24 株时,Shannon's 指数达到总样本数的 95.4%。说明当云南蓝果树达到 24 株样本时,已经能够代表该物种的遗传多样性水平。

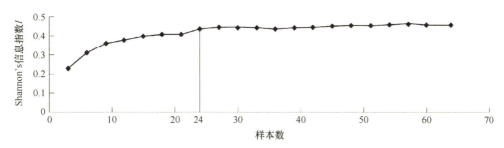

图 7-2　种群遗传多样性与种群大小的关系(向振勇等,2015)

7.1.3　遗传多样性水平与成因

从 64 株云南蓝果树的聚类图看,可将其聚为两大类,且聚类分类的结果与母株的来源并不相关,绝大部分的植株均聚于第 I 类中。遗传多样性是物种为适应环境和维持生存而长期进化的物质基础(陈灵芝,1993);分子水平的遗传多样性主要是基因多态性,可从丰度(richness)和匀度(evenness)两个方面来衡量(郭钰等,2011)。从丰度上看,云南蓝果树基因多态位点百分率(PPL)为 74.65%,低于同类群植物珙桐(93.81%~96.10%)的基因多态性位点百分率(李雪萍等,2012;张玉梅等,2012)。本研究各引物的 PIC 值为 0.15~0.44,其中 PIC 值低于 0.25 的引物条数占 41.7%,在 0.25~0.5 的占 58.3%,平均 PIC 值为 0.27。因此,从丰度和匀度上看,云南蓝果树的遗传多样性都处于中度偏低的水平。遗传多样性水平的高低决定了物种对环境的适应能力,一个物种需具备一定的遗传多样性才能抵御各种生存压力,并逐步扩展其分布范围(陈灵芝,1993)。Hamrick 和 Godt(1990)、Karron(1991)的研究显示,相同或不同类群狭域特有种的遗传变异水平都明显低于广布种。云南蓝果树是地理上和进化上的孑遗种,在地质历史时期遭受了毁灭性灾害,使其数量急剧下降,丧失了大部分遗传多样性,较低的遗传多样性水平反过来又限制了云南蓝果树对现代环境变迁的适应能力,使其分布范围更加狭窄。据标本采集信息,云南蓝果树分布于南北相距 70 km 的狭小范围内(南自勐罕,北至普文),属云南南部热带与南亚热带过渡区的狭域特有种(陈伟等,2011);结合云南蓝果树天然更新能力差、林下无幼苗等野外观察试验结果,认为云南蓝果树遗传多样性水平低,可能是导致其环境适应能力不足、分布范围狭窄的主要原因。人为干扰导致云南蓝果树种群数量和规模的急剧下降。近年随着社会经济的快速发展,特别是当地通过扩大经济作物种植面积来发展地方经济的模式,使原生境内的大量天然林不断被橡胶、咖啡、茶叶等经济林所取代,人类活动导致的生境破坏和片段化直接导致气候发生改变,云南蓝果树生境小。据标本(含模式标本)提供的信息,1957~2010年的50余年间,云南蓝果树当前分布区面积缩减为原有分布面积的1/25,仅存普文林场天然林内一个分布点,面积约50 hm^2;种群数量和规模骤降,仅存8株天然植株(陈伟等,2011)。因此,可以认为生境破坏和小气候变化等人为干扰因素,加剧了云南蓝果树现代分布范围缩小和种群数量减少,物种濒临灭绝。

Frankham等(2002)和康明等(2005)对遗传多样性保护的研究显示,在100年内保持某物种90%以上的遗传多样性即为成功保护。本研究对现存云南蓝果树种群遗传多样性分析结果显示,当取样数量达到24株时,其遗传多样性水平达到总体的95.42%,且在取样数量增加时,其遗传多样性不再明显上升。因此,无论开展天然种群保护还是人工种群构建,只需在合理获取繁殖材料的基础上,保证种群数量不少于24株,就可以成功保存云南蓝果树的遗传资源。为获取有效繁殖材料,应采集所有结实植株的种子,同时开展雄株的无性繁殖,以保证繁殖材料的遗传多样性。在构建人工种群时,应将来自不同母株的苗木交互定植,避免近交衰退。

7.2 群体遗传结构

群体遗传学是研究群体的遗传结构及其变化规律的遗传学分支学科(王云生等,2007)。在群体遗传学的研究中,遗传多样性的高低是一个重要的指标,反映物种应对栖息地变化时所表现的适应性和应变能力,而遗传多样性在群体间的分布,即遗传结构是受许多因素作用的,另外还与物种自身的生物学特征和进化史有着密切关系(Hartl and Clark,2007;张笑等,2015)。因此,我们在保护遗传资源时需要先了解居群的遗传结构和遗传背景,进而再制定合理的保护政策(邹喻苹等,2001;Vucetich et al.,2018;Whitlock et al.,2018)。

目前最先进的第二代DNA测序技术可通过产生大量的分子标记数据进行成株的群体遗传多样性分析,建立详细的遗传档案(Davey and Blaxter,2010)。基于酶切的简化基因组测序(restriction-site associated DNA sequence,RAD-seq)是对与限制性核酸内切酶识别位点相关的DNA进行高通量测序,可大幅降低基因组的复杂度,降低建库和测序成本,操作简便,同时不受参考基因组的限制,可快速鉴定高密度的SNP(单核苷酸多态性)位点,实现遗传进化分析及重要性状候选基因的预测(Davey and Blaxter,2010;Etter et al.,2012;Lozier,2014)。RAD-seq可以检测基因组上未知变异点中新的SNP,发掘新的和稀有的变异,对解决群体遗传学(Bruneaux et al.,2013)、遗传图谱构建(Hohenlohe et al.,2011)、功能基因挖掘（Hohenlohe et al.，2011）、群体进化（Ogden et al.，2013）等方面问题，具有重大的科研和产业价值。

本章节采用基于二代测序技术的 RAD-seq 方法对云南蓝果树开展成株的群体遗传分析，为每个成株建立详细的遗传档案，用 SNP 位点刻画其遗传特征，完成系统进化树、群体结构、PCA 分析，从基因组水平揭示不同个体之间的遗传分化关系，进而为遗传资源的保护提供理论基础（张珊珊等，2019）。

7.2.1 群体分析

对云南蓝果树分布区域现有的 15 株天然植株和 9 株早期回归植株进行野外取样，在详细记录植株编号的同时，采集新鲜嫩叶利用液氮快速冷冻并拍照，带回实验室放入 –85℃ 冰箱备用。经过 DNA 提取与质量控制、文库构建、高通量测序分析、原始数据质控和过滤、SNP 检测与位点开发、群体的遗传分析等方法和步骤得到有效的 SNP 位点，通过 RAxML 软件的 maximum likelihood 算法构建群体进化树，基于进化树分析结果，利用 populations（Stacks v1.42）分析私人等位基因数目、平均观测杂合度（Ho）、平均期望杂合度（He）、核苷酸多样性（π）和近交系数（FIS）这几个遗传多样性指数，开展遗传进化的初步分析；通过 ADMIXTURE 软件（Alexander et al.，2009），分析样品的群体结构，通过假设分群数（K 值）进行聚类，最后根据 CV error（cross validation error）最低点对应的 K 值来确定最佳分群数；通过 GCTA 软件进行主成分分析，得到样品的主成分聚类情况，进而辅助进化分析（图 7-3）。

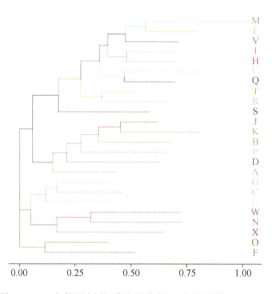

图 7-3 云南蓝果树的系统进化树（张珊珊等，2019）

本研究中我们共获得SNP位点53 120个，通过样品最低测序深度>2，样品缺失率<0.5、次要基因型频率（MAF）>0.05筛选以后，得到有效SNP位点6309个。因此，本研究尝试应用RAD-seq方法对云南蓝果树开发SNP位点，取得了成功，为云南蓝果树的群体遗传分析奠定了基础。基于开发出的SNP位点，24株云南蓝果树的核苷酸多样性（π）、平均观测杂合度（H_O）和平均期望杂合度（H_e）分别为0.3349、0.3094和0.3212。系统进化树被划分为三大类（图7-3），这三大类的π值为0.2246~0.3463，平均为0.2987；平均观测杂合度（H_O）为0.1773~0.2775，平均值为0.2202；平均期望杂合度（H_e）为0.1264~0.3356，平均值为0.2431（表7-2）。为了检验每个群体内是否存在隐藏的种群结构，近交系数（FIS）被用来衡量群体内杂合子的存在情况。云南蓝果树3个分类群体的FIS为0.0283~0.2852，平均值为0.1823，较高的近交水平暗示了云南蓝果树可能存在近交衰退的风险，进一步表明云南蓝果树早期幼苗在旱季全部死亡的原因，除了气候变化加剧了土壤水分短缺和自毒效应等环境因素外，也可能是由于近交衰退导致云南蓝果树适应能力较差的结果。

表7-2　云南蓝果树不同分类的遗传多样性分析（张珊珊等，2019）

分类编号	私人等位基因	平均观测杂合度（H_O）	平均期望杂合度（H_e）	核苷酸多样性（π）	近交系数（FIS）
Ⅰ	578	0.2775	0.3356	0.3463	0.2333
Ⅱ	227	0.1773	0.2673	0.3251	0.2852
Ⅲ	21	0.2057	0.1264	0.2246	0.0283
平均值	275.33	0.2202	0.2431	0.2987	0.1823

7.2.2　基于遗传多样性分析的遗传资源保护

基于RAD-seq方法开发的SNP标记作为分子遗传学中最重要的分子标记，是反映生物内DNA序列变异程度的重要参数，并经统计分析可获得核苷酸多样性信息（褚延广和苏晓华，2008），具有数量多且分布丰富、代表性高、遗传稳定性好、检测快速、不受基因组序列的限制等特点（Miller et al.，2007；石璇等，2016；王久利等，2017）。目前，云南蓝果树尚未获得足够的核酸序列数据，甚至也没有蓝果树科内近缘物种的可参考基因组序列，RAD-seq是一种比较理想的研究技术。从本试验所测得24个个体的有效测序片段数看，数据量基本均匀，未出现个体数据量差异极大的现象，基本满足后续分析的数据量要求。

评估一个物种的遗传变异程度是遗传资源保护的基础和重要内容（Talebi et al.，2008）。基于SNP位点的核苷酸多样性（π）、平均观测杂合度（H_O）、平均期望杂合度（H_e）和近交系数（FIS）等参数常被用来表征群体的遗传多样性大小（Wang et al.，2016）。核苷酸多样性（π）是反映生物体内基因组DNA序列变异程度的重要参数，通过对基因组 DNA 的测序开发 SNP 位点，经过计算可获得核苷酸多样性信息（褚延广和苏晓华，2008）。尤其对于双等位基因 SNP 位点来说，π 值可以全面地测定一个群体的遗传多样性（Hamilton.，2009；Frankham et al.，2010；Catchen et al.，2013）。由于进化速率的不同，同一个物种中不同的 DNA 片段也可能具有不同的 π 值（Wright et al.，2003）。Shi 等（2015）选择了 36 个单拷贝核基因来推断人参属的系统发育关系，并评估同一直系同源物在二倍体和四倍体物种中是否表现出异质进化率。目前通过对 SNP 的分析发现，很多植物的 π 值都低于 0.1（褚延广和苏晓华，2008；Wang et al.，2016）。云南蓝果树现存植株不管是整体还是各个分支的 π、*Ho* 和 *He* 值均较高，意味着云南蓝果树现存植株在 SNP 水平上的遗传多样性较丰富，保护其遗传资源具有重要意义。

云南蓝果树的群体遗传分析可为评价和指导云南蓝果树拯救保护工程中遗传资源的保护提供理论依据。为了保证新建种群个体间的遗传距离保持最大、遗传资源保护最丰富，就应构建一个包括所有有效样本的样本集。无论是对现存天然种群进行恢复，还是通过近地保护和迁地保护重建种群，都应构建一个包括所有有效样本 1 个备份以上的样本集，并且样本集里所属每个分类的遗传多样性保证为系统进化树中每个分类遗传多样性理论值的 90%以上，使得遗传资源保护科学化；综合考虑环境压力和资金投入因素，可最终确定每个有效样本的备份数及恢复重建种群的规模。在野外恢复或重建种群时，确保相邻或相近的植株属于不同有效样本，并结合现存种群密度（特别是不同有效样本间的距离），使新建种群个体间的遗传距离保持最大。结合恢复或重建种群规模及其个体间的空间布局，通过 ArcGIS 软件在卫星影像图上模拟，确定保护小区面积和重建种群所需生境面积。

第 8 章　云南蓝果树的存续威胁与濒危原因

8.1　存　续　威　胁

8.1.1　分布格局与种群特征

云南蓝果树仅分布于西双版纳州景洪市普文镇附近，属普文林场的管辖范围，权属为国有。1957~2010 年的 50 余年间，云南蓝果树的分布范围缩减了 90%以上，模式标本采集地已无该物种分布，目前的分布区面积不超过 10 hm^2。

云南蓝果树目前仅存 2 个天然种群，共计 8 株。其中种群Ⅰ有 5 株，种群Ⅱ有 3 株。从分布海拔范围看，当前云南蓝果树仅存的 2 个种群分布于海拔 800~900 m，林下无更新幼苗；天然种群及个体数量都极少，已经低于稳定存活界限，濒临灭绝，属于极小种群物种和极度濒危物种，亟待优先进行保护（杨文忠等，2014，2015）。

8.1.2　群落学特征

云南蓝果树群落具有典型的热带北缘分布的区系特征。群落分层现象明显，与千果榄仁、合果木、肉桂等伴生树种存在较高的生态位重叠，表明其在水平空间与其伴生物种之间存在着高度相似的生境需求，在垂直空间也存在较强的对光资源的种间竞争。从分布地小生境特征看，云南蓝果树对水湿条件要求严格，仅在阴暗潮湿的沟谷溪边或水塘边生长，属沟谷雨林。从群落物种组成看，分布地植物区系热带性质显著，具有明显的热带北缘性质。

8.2　濒　危　原　因

8.2.1　天然更新困难

森林更新是从具有活力的种子到形成幼苗并完成定居的整个过程。种子萌发和幼苗生长被认为是森林成功更新的重要阶段，是植物种群动力学研究的主要瓶颈。种子萌发和幼苗生长一般受光照、营养、水分和捕食等生态因子和同一群落物种间相互作用的影响。在云南蓝果树野生资源调查过程中发现，云南蓝果树极度濒危，连续 3 年调查均发现林下有种子散落，但无幼苗。萌发实验表明，云南蓝果树凋落物、外果皮和种仁中含有抑制萌发的水溶性内源抑制物质，可能是导致该物种濒危的重要原因。另外，云南蓝果树天然种群林下积累了较厚的凋落物，种子散落后难以接触土壤水分，限制了种子萌发更新的进程，同时，坚硬致密的种皮对胚的机械限制会阻碍种子萌发。而且，适宜的温度和光照也是云南蓝果树种子萌发的必要条件，然而，云南蓝果树天然种群林下灌草密集、光照不足，阻碍了种子萌发和自然更新。

全球气候变化引起的土壤水分变化被认为是影响森林天然更新中幼苗生长的关键生态因子。云南蓝果树幼苗对土壤含水量要求较高，土壤相对含水量较高时，幼苗具有较多的叶片和较大的叶面积，从而拥有较大的光合速率和较大的生物量；随着干旱胁迫程度的增加，云南蓝果树幼苗叶片结构的多个指标都发生了不同程度的变化，在叶片解剖结构上主要表现为叶片增厚、细胞排列紧密、栅栏组织海绵组织厚度比增大、气孔密度减少等；云南蓝果树根部表型可塑性较差，生物量分配方式也发生了紊乱。云南蓝果树抗旱性不强的特点，加上逐渐干旱的原生境，使其种群逐渐变小。

光强是影响森林植物生长的重要生态因子之一。研究表明，云南蓝果树幼苗的生长指标和光合指标并不是随着光强的增强而呈线性增加，100%光强下的生长指标和光合指标仅显著高于20%低光强条件，并不高于60%光强条件。试验结束时，100%光强处理下的云南蓝果树幼苗顶端出现不同程度的日灼伤情况，而适度遮阴可以促进云南蓝果树的幼苗生长。因此，云南蓝果树天然生境过低的光强水平已经成为限制云南蓝果树幼苗生长发育，甚至天然更新的关键生态因子，说明其对光强响应很敏感，尤其对逆境的适应能力较差。

针对云南蓝果树种子萌发和幼苗定居对生态因子的需求，应在其生活史的不同阶段采取不同的干预措施，以促进其种群恢复与重建。例如，对其采取保护措施时，可以在种群的萌发阶段之前，去除林下凋落物，保证种子尽可能接触到土壤表面，获取足够多的水分；并在幼苗定居的阶段，为其提供充足的水分和进行适当的遮阴，保证幼苗的存活和生长。

8.2.2 两性花花药败育

云南蓝果树具有仅开两性花和仅开雄花两种树，在形态上是雄性两性异株植物，但其两性花的雄蕊却表现为败育，功能上仅行使雌蕊功能，雄株开的雄花提供花粉，行使雄蕊功能，故云南蓝果树是功能上的雌雄异株植物。云南蓝果树两性花小孢子的败育出现在四分体时期和单个小孢子时期，两性花雄蕊的绒毡层细胞不行使正常分泌和自动降解的功能可能是导致小孢子败育的主要原因。

云南蓝果树的两性花雌蕊和雄花花药的发育整个过程均正常，能发育成完整的具有功能的胚珠和花粉粒，但是两性花的花粉却大部分败育，这能为我们指导人工种群的雌雄配比提供参考，最好能以两性植株：雄株=3：2 进行野外人工种群的建立，这样能有效地利用雌雄蕊，达到结实率高的目的。

8.2.3　遗传因素

遗传多样性是物种适应环境和维持生存而长期进化的物质基础。ISSR 分析和简化基因组测序分析结果均显示云南蓝果树遗传多样性处于中度偏低的水平，这可能是由于云南蓝果树属于地理上和进化上的残遗种，在地质历史上遭受了毁灭性灾害，数量急剧下降，丧失了部分遗传多样性，较低的遗传多样性水平反过来又限制了云南蓝果树对现代环境变迁的适应能力，使其分布范围更加狭窄。如果种群遗传多样性长期处于较低水平状态，将会降低各种群的进化潜力及生存适应能力，最终阻碍其物种的进化而导致种群衰退至濒危。因此，在对云南蓝果树进行近地保护、迁地保护和种群恢复与重建时，要尽量保证重建种群的遗传多样性达到现存种群遗传多样性的 95%以上，并避免近交衰退。

8.2.4　气候变化

康洪梅等（2018）研究发现，云南蓝果树的生长与气温、降水量和相对湿度均相关，生境气温的升高不利于云南蓝果树的生长，而降水量和相对湿度的增大却能促进其生长。气温的升高会一定程度上抑制云南蓝果树的生长，热带雨林地区的温度过高或急剧变化不利于本地区植物的生长；云南蓝果树生活在雨林沟谷边，对水分的依赖较大，喜湿，降水量减小和相对湿度降低都会对云南蓝果树的生长造成不利影响。对 31 年间主要气候因子与云南蓝果树生长指标的关系研究表明，年均温度逐年升高、年总降水量逐渐减少和年均相对湿度的降低，对云南蓝果树的生长造成了不利的影响，进而导致了云南蓝果树的濒危，同时热带雨林的破坏、人为因素的干扰也对其生存造成了重要的影响，人为因素和气候因素共同作用可能是云南蓝果树极度濒危的主要外在原因。

第 9 章　云南蓝果树的拯救保护

9.1　保 护 小 区

设立保护小区开展就地保护是极小种群野生植物拯救保护的首选对策。基于极小种群野生植物云南蓝果树保护小区建设实践，本节详细介绍云南蓝果树保护小区规划原则、内容和程序，保护小区建设的内容及其工程指标要求，以及保护小区管理的机构设置和运行机制。保护小区规划遵循"针对性、科学性、及时性、有效性和可操作性"原则，包括功能区划、保护管理工程、恢复措施、监测方案等内容，分组建队伍和准备工作、组织考察和资料汇总、分析问题和初步设计、再次考察和落实保障、完善规划和评审实施 5 个步骤完成；保护小区建设主要包括保护工程、管理工程等内容；保护小区管理则涵盖保护管理、监测巡护、宣传教育和科学研究等内容。本节强调了保护小区的规划建设不仅要突出有效保护现存种群的重点，还要为种群恢复重建预留空间，方法上不仅要依托种群生态学研究结果和包含"3S"在内的先进技术，还要注重当地利益相关者的广泛参与。作为对全国首个建成的极小种群野生植物保护小区规划建设与管理的总结，本节为制定极小种群野生植物保护小区建设方案提供了参考。

9.1.1　保护小区规划

1. 规划原则和目标

云南蓝果树保护小区规划以"建立就地保护基地，确保云南蓝果树不灭绝"为目标，并坚持"针对性、科学性、及时性、有效性和可操作性" 5 项原则。针对性是指设立保护小区的首要任务是保护目的物种云南蓝果树的现存种群；科学性要求规划设计保护小区要遵循植物种群维持和发展的基本规律；及时性包含两层含义，一是对于极度濒危的云南蓝果树要尽早设立保护小区，二是基于最新濒危原因的研究成果设计就地保护措施；有效性是指采取的保护措施能准确克服不利因素并成功保护现存种群；可操作性是指规划的建设内容和管理措施要便于执行和落实。

2. 规划内容和方法

(1) 规划的内容

1) 规划划定保护小区边界，完成保护小区功能区划。在云南省林业和草原科学院普文试验林场经营范围内选划云南蓝果树保护小区，在保护小区内进行功能分区，划定重点保护区域和缓冲保护区域。重点保护区域以自然种群集中分布区域和适宜生境（沟谷季节雨林）为主，严格保护和管理，限制人为干扰和各项生产活动；缓冲保护区域位于重点保护区域外围，通过对缓冲保护区域内人为活动的管理，降低对重点保护区域的干扰。

2) 规划涵盖界标和警示标志等内容的保护工程。界标工程包括界碑、界桩和标牌等工程设施，依据云南蓝果树保护小区边界及其内部功能区的区划，设计界碑、界桩和标牌的类型、材质及尺寸等，选定保护工程设施的位置及明确建设质量要求。

3) 规划包括保护小区管理机构、设备设施、监测巡护便道和宣传教育材料等的管理工程。管理机构根据云南蓝果树所处林地的管理机制设置于普文林场场部；设备配置主要是为云南蓝果树保护小区日常管理、监测巡护和应急管理配备必要的设备设施；监测巡护便道工程的规划设计包括明确监测巡护便道的位置、长度和砍修要求，以及维护周期等；宣传教育材料包括宣传牌、宣传折页和宣教活动的初步规划等内容。

4) 规划种群恢复措施。根据前期完成的云南蓝果树种群调查及其濒危原因的初步分析，规划设计涵盖封山管护、人工促进天然更新（如地表疏理）、生境恢复（如移入建群种）和回归引种等种群恢复措施，并确定实施各项措施的地点、面积和时间表等。

5) 规划种群监测方案。种群监测的对象主要包括现存 2 个天然种群、恢复重建的人工种群和各项种群恢复措施的效果。针对天然种群的监测要在定位、编号、挂牌每一植株的基础上，观测和记录其株高、地径、冠幅，以及物候状况、植株健康状况、林下幼苗生长情况等基础数据，并设置固定样地开展群落调查和监测，记录群落特征及生境变化。针对人工种群的监测要在定位、编号、挂牌的基础上，选取 50 株植株作为监测对象，观测和记录其株高、地径、冠幅，以及物候状况、植株健康状况等基础数据。种群恢复效果的监测，主要记录实施封山管护、人工促进天然更新、生境恢复等措施后取得的种群更新状况和生境条件改善等。

(2) 规划的程序和方法

云南蓝果树保护小区的规划大致分 5 个步骤：①组建队伍和准备工作；②组织考察和资料汇总；③问题分析和初步设计；④再次考察和落实保障；⑤完善规

划和评审实施。为做好云南蓝果树保护小区规划，邀请云南省林业和草原科学院和云南省林业调查规划院的专业技术人员组建了规划组，规划组的专业领域涵盖植物学、生态学、林业规划、自然保护和社会发展等；准备工作是规划组开展的首要任务，包括准备图件（如地形图、植被图和卫星影像图等）、设计植物群落调查表格和社会经济调查问卷，并列出所需收集资料的清单（如社会经济统计数据、当地的植物考察报告、目的物种的保护现状等方面的数据资料），同时准备野外工作的相关工具，如GPS定位设备、相机、记录夹、大白纸和记号笔等。

野外考察主要包括4项内容：①了解云南蓝果树生物学、生态学特性；②了解云南蓝果树所处生境的生物和非生物环境；③了解云南蓝果树面临的主要威胁因子（含自然因素和社会经济因素两个方面）；④了解云南蓝果树所处林地的权属状况和管理现状。野外考察时，不断对云南蓝果树面临的威胁和压力进行分析，并考虑相应的保护措施。考察结束后，在汇总各方面数据资料的基础上，再做一次全面分析，提出系统的云南蓝果树拯救保护措施，完成保护小区初步设计。

再次考察和落实保障的目的和内容有两个：①对初步设计过程遇到的新问题和支持数据资料不足的问题进行补充调查，完善数据和设计方案；②对初步方案提出的拯救保护措施逐项进行落实，如获取利益相关各方对边界划定、基础设施建设和管理机构设置方案等的认可，为规划方案的落实提供保障。

在落实保护小区建设责任主体和各方责任的基础上，根据补充调查获得的数据资料进一步修改完善规划方案（含规划图件），组织专家评审。评审通过后印制规划方案，经相关主管部门批准实施。

9.1.2 保护小区建设

根据《云南蓝果树保护小区建设规划》的安排和布局，主要完成如下建设任务，即保护工程和管理工程。

1. 保护工程

保护工程包括栽桩定界（含不同功能分区）、建立界碑、砍修监测巡护便道等。根据规划方案，通过栽桩定界在普文林场天然林建立了云南蓝果树保护小区，小区地理坐标为 $22°25'23.7''N\sim22°25'46.3''N$，$101°04'54.5''E\sim101°05'37.1''E$，海拔 $850\sim1015$ m，总面积 49.46 hm^2，占普文试验林场经营面积的4.40%。根据保护小区功能区划，建立重点保护区域 10.00 hm^2，占保护小区总面积的20.22%；缓冲保护区域 39.46 hm^2，占保护小区总面积的79.78%。

保护小区边界按顺时针方向埋设界桩18棵（界桩编码为1～18号），重点保护区域埋设界桩10棵（编码1～10号），共计28棵（图9-1）。边界桩用钢筋混泥土浇筑制作，规格为长 15 cm、宽 15 cm、高 120 cm，并喷漆编码（保护小区界桩蓝色漆，重点保护区域界桩红色漆）。

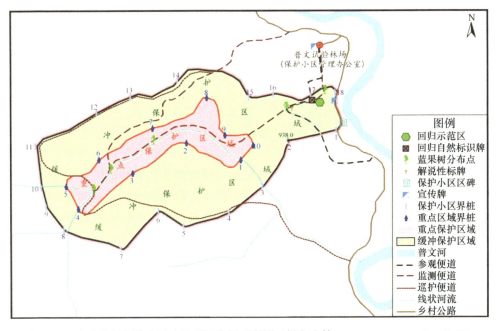

图 9-1　云南蓝果树保护小区建设项目布局示意图（杨文忠等，2016；Yang et al.，2017）

按规划方案，在保护小区东侧临公路当地群众活动较为频繁的边界上，建立了砖混结构的"云南蓝果树保护小区界碑"1 座（图 9-2），界碑宽 3.0 m、高 2.4 m、厚 30 cm；顶部红色琉璃瓦挡雨流水，基部青砖底座，正面白色高强瓷砖烤漆构图，面板四周蓝色瓷砖勾边。面板内容包含 4 个要素：保护小区名称和标识、目的物种和保护小区概况、保护小区位置或范围图、建设管理单位和建立时间。

图 9-2　云南蓝果树保护小区界碑

2. 管理工程

（1）管理机构

根据规划方案和云南蓝果树所处林地的权属性质，在云南省林业和草原科学院普文试验林场场部办公楼设置"云南蓝果树保护小区管理办公室"1间，悬挂"云南蓝果树保护小区管理办公室"铜质牌匾；从普文林场抽调2名专职管理人员负责云南蓝果树保护小区的管理。

（2）设备设施

设备配置主要包括3个方面的内容：①保护小区管理办公室计算机、打印和复印机、传真电话机、投影仪等设备及桌椅、书架、文件资料柜和档案柜等办公设施；②监测巡护装备，如望远镜、照相机、GPS定位设备和对讲机等；③应急设备，如防火、扑火工具和有害生物防治设备等。

（3）监测巡护便道

按规划方案，在修缮林场场部至引水坝的便道基础上，沿云南蓝果树分布的溪流（重点保护区域）砍修了1条宽约1.2 m的监测便道，并在保护小区外较难行走的路段适当增设了台阶，监测便道全长约3.5 km（图9-1）。同时，从普文至老窝塘乡村公路沿河谷至保护区边界砍修了1条巡护便道用于巡护管理，全长约3.0 km（图9-1）。

（4）宣传教育

根据规划方案，在管理办公室所处的普文林场场部设立了1块解说性标牌，以图文并茂的形式集中介绍了云南蓝果树的物种概况、保护价值、保护的重要意义及保护小区的建立情况等。标牌采用防水钢质结构，规格尺寸为2.5 m × 2.0 m，有效宣传尺寸为1.5 m × 1.7 m。同时，为使公众了解和认识云南蓝果树，提高宣传教育成效，专门砍修了一条长1.0 km、宽1.3 m的参观步道，供社会公众亲密接触现存的"最大云南蓝果树植株"。

9.1.3 保护小区管理

保护小区的管理主要由保护小区管理办公室负责，具体的管理工作包括云南蓝果树的保护管理、监测巡护、宣传教育和科学研究等。

1. 保护管理

保护管理的目标是避免云南蓝果树天然种群及其生境遭受破坏。保护管理的任务是制定保护小区管理办公室职责和保护小区管理办法等规章制度，并依据规章制度开展保护管理。制定的《云南蓝果树保护小区管理办公室职责》共 8 条内容，规定了办公室的基本职责、工作目标和内容、日常管理等；制定的《云南蓝果树保护小区管理办法》共 13 条内容，规定了云南蓝果树天然种群及其生境的保护管理、监测巡护及对破坏行为的处罚等内容。保护管理的内容主要包括云南蓝果树天然种群及其生境的管护、保护和监测设施的维护及管理办公室的运行等。

2. 监测巡护

监测和巡护是保护管理的两项重要任务。监测的主要目标是跟踪记录天然种群及其生境的变化情况、人工重建种群等恢复措施及生境修复措施的效果等，也需基于科研监测计划，定期开展监测活动，测量并记录云南蓝果树天然和人工种群的种群动态指标等。为有效保护并了解云南蓝果树及其生境，分别编制了监测记录表和巡护记录表，配备了野外仪器设备，定期开展监测巡护工作，建立了监测巡护档案。巡护的主要目的是保证云南蓝果树种群、生境和保护设施等免受破坏，在制定巡护计划的基础上，定期或不定期地按计划的时间、地点和路线开展巡护工作，并按要求填写巡护记录。

3. 宣传教育

宣传教育是保护小区管理办公室的重要职责之一。宣传教育可按照目标群体、宣教内容和组织形式等分为多项工作，保护小区结合云南蓝果树现存种群分布区的实际，开展了 4 项宣教活动：①在修建参观便道的基础上，组织社会公众参观考察现存的云南蓝果树最大植株，使公众亲密接触并认识了解保护对象；②通过制作解说性标牌，图文并茂地逐期宣传极小种群野生植物保护的法规和方针政策、保护意义和方法措施等；③制作了以云南蓝果树概况、行动计划和建设规划、保护小区建设与管理、迁地保护和近地保护、种苗繁育与回归示范等为主题的宣传展板 5 块，到当地社区和人群集中的地点开展宣教活动；④制作了以《拯救保护云南蓝果树》为题的宣传折页，印刷、发放 3000 余份。通过宣传教育使当地群众和外界公众更加了解云南蓝果树及其濒危状态，并积极参与保护实践。

4. 科学研究

科学研究是保护小区管理的重要内容之一。云南蓝果树的科学研究包括现存种群的有效保护、种苗繁育、种群恢复和重建、生境管理等内容，其中濒危原因和机制以及解濒技术是研究的重点。在云南珍稀濒特森林植物保护和繁育重点实验室的支撑下，完成了云南蓝果树保护小区规划建设技术、有性和无性种苗繁育技术、近地保护和迁地保护基地规划建设技术等的开发研究（杨文忠等，2014）；针对云南蓝果树濒危机制，开展了生殖生物学、分子生物学和生理生态学研究，为云南蓝果树的拯救保护提供了理论依据（孙宝玲等，2007；孙宝玲，2008；向振勇等，2015；Zhang et al.，2015；张珊珊等，2016c）。保护小区管理办公室在科学研究中主要承担科研项目的联合申报、野外原位实验及其监测数据的收集整理等工作。

9.1.4 结语

极小种群野生植物保护小区属于世界自然保护联盟（International Union for Conservation of Nature，IUCN）六大保护地类型中的第Ⅳ类：栖息地/物种管理区（habitat/species management area），其基本目标是维持、保护和恢复物种及其栖息地。针对物种及其栖息地保护，IUCN 根据以往保护实践，编制了《物种保护规划概要》和《物种保护规划手册》，强调该类保护地的规划和管理需要利益相关者的参与和"3S"技术的应用（IUCN/SSC，2008）。在完成云南蓝果树种群调查的基础上，利用 SPOT 卫星影像和 GIS 技术，结合当地相关利益群体的意见，经多次实地调查核实，规划建立云南蓝果树保护小区，并落实了建设管理的各项保障措施，使云南蓝果树的拯救保护得以有序推进。由于是首次针对极小种群野生植物物种规划建立保护小区，有许多方面有待进一步探讨。

首先，确定保护小区的面积需要更详细的种群动态数据支持。在充分利用种群和生境调查数据、结合当地社会经济发展状况、参考利益相关各方意见的基础上，建立了面积 49.46 hm^2 的云南蓝果树保护小区，但约 50 hm^2 的就地保护面积是否达到或超过有效保护云南蓝果树这一物种的需要，仍有待种群生态学研究结论的支撑。同时，针对极小种群野生植物的拯救保护，是否一定需要对保护小区进行功能区划（如重点保护区域和缓冲保护区域）的问题也值得探讨，尽管功能区划能够明确现存种群的重点保护和保障恢复种群的地理空间，但由于极小种群野生植物的种群数量和规模有限，可根据目的物种的实际决定是否对保护小区再进行功能区划。

其次，保护小区要服务于极小种群野生植物拯救保护的目标。尽管规划建立保护小区的关键是有效保护现存种群，但若只考虑极小种群野生植物现存种群保护问题，并不能满足拯救保护濒临灭绝物种的需要。因此，在规划建立云南蓝果树保护小区时，还涵盖了种群恢复、生境保育、种苗繁育和回归引种等拯救保护工程措施。这主要基于以下两点考虑：①物种的拯救保护不仅要保存现有种群，还要逐步进行种群的恢复壮大甚至是人工重建；②选择现有种群的邻近区域开展种群恢复与重建能满足目的物种对生境条件的要求。针对拯救保护云南蓝果树的保护工程、管理工程等内容及其建设指标参数，在其他极小种群野生植物保护小区规划建设与管理中可做相应调整。

最后，国家林业局和国家发展和改革委员会于 2012 年 5 月联合印发的《全国极小种群野生植物拯救保护工程规划（2011—2015 年）》涵盖就地保护、近地保护、迁地保护、种质资源保存、野外回归和能力建设六大对策措施，并强调"设立保护小区、开展就地保护"应作为极小种群野生植物拯救保护的首选对策。在各省（自治区、直辖市）制定拯救保护方案过程中，应充分考虑极小种群野生植物保护面临的生物学和社会学问题，在保证物种不灭绝的前提下，坚持多方参与、科学规划的原则，开展极小种群野生植物保护小区的规划建设与管理。

9.2　种苗繁育

在有效保护极小种群野生植物现有天然资源的基础上，应收集种质资源、建立繁育基地和开展种苗繁育，为近地保护、迁地保护和回归引种等提供繁殖材料。按照规划，在普文林场的天然种群附近修建了一个总面积为 380 m^2 的苗圃，以满足云南蓝果树幼苗生长的气候和土壤要求。极小种群野生植物种质资源按照《极小种群野生植物种质资源保存技术规程》（LY/T 3187—2020）标准进行收集和保存。

为获得更多的繁殖材料，用于云南蓝果树的种群恢复与重建，先后开展了有性和无性繁殖技术的研究。有性繁殖研究包括种子处理方法、育苗基质试验和苗期管护措施等内容；无性繁殖主要是扦插繁殖方法的研究，包括不同采穗部位、生根粉（ABT）浓度对比试验和扦插基质比较等。

9.2.1　苗木繁育基地的建设

1. 温室苗圃修缮

在已建苗圃基础上，修缮温室大棚。修缮内容包括：大棚结构及棚顶翻新（棚膜、薄膜、遮阴网等购置及架设）；灌溉设施完善（加接喷灌龙头等）；指示牌制作与悬挂。

2. 苗木繁育及管理

计划建成云南蓝果树苗繁基地 2 亩[①]，为回归引种和野外种群恢复提供充足和优质的苗木。加强苗木繁育基地建设。在定植前进行炼苗，以保障幼苗迅速适应露地的不良环境条件，缩短缓苗时间，增强幼苗对低温、大风等的抵抗能力。

---

① 1 亩≈667 m^2，下同。

1)首先根据种苗繁育对生境指标的需求,通过实生苗和扦插苗 2 种育苗方式在普文林场建设种苗繁育基地 2 亩;并在云南蓝果树结实季节,基于对现存蓝果树的遗传多样性评价结果,科学采集一定数量的云南蓝果树种子,进行种苗繁育,育苗 10 000 株以上,为下一步开展回归引种准备材料。

2)定植前 5~7 d 进行炼苗,放风降温,将塑料温室拱棚的上下放风口揭开。定植前 2~3 d,在无霜的情况下,撤走全部覆盖物,打开所有通风口,减少浇水量,在不萎蔫的情况下尽量减少浇水。

3)加强苗木繁育基地建设。主要建设内容包括:棚膜、薄膜、遮阴网等购置及架设;灌溉设施完善等。

4)建立近年来种苗繁育情况、出售或赠送单位的名称、出售或赠送苗木数量等档案。

9.2.2 有性繁殖

云南蓝果树的有性繁殖技术包括种子收集和处理、促进萌发和管理幼苗(Yuan et al.,2013)。成熟的果实采回后,用水浸泡 24 h,搓洗去除肉质外果皮,洗净含有坚硬内果皮的种子,用水选法除去浮在水面的瘪粒,自然阴干备用(Zhang et al.,2015)。幼苗生长过程中未观察到明显的病虫害,但对水分亏缺非常敏感。因此,灌溉是培育云南蓝果树幼苗的关键因素。

云南蓝果树的种子萌发受温度、光照、水分、pH 和土壤类型的综合影响。其最适宜的萌发条件为温度 25℃的光照处理、pH7.0 的红土/腐殖土/泥炭土。种皮的机械障碍作用会影响云南蓝果树种子的吸水、透气性,导致云南蓝果树种子在萌发过程中,吸水饱和时的吸水率仅为 17.8%,因此人工破坏种皮是提高种子萌发率的有效手段。

云南蓝果树的幼苗生长发育受光照和水分的共同影响。土壤相对含水量充足(高于 26.78%)和中等光照强度[405 mmol/($m^2 \cdot s$)左右;一层黑色尼龙遮光网]最适合云南蓝果树幼苗的生长。而且,水杨酸(SA)浸种处理可以一定程度上缓解干旱胁迫对云南蓝果树种子萌发和早期幼苗生长的影响,建议育苗前对云南蓝果树种子进行 SA 预处理,其最适浓度为 0.75 g/L(张珊珊等,2017)。徐宝燕等(2019)选择生土、林地表土、火烧土及熟土为育苗基质,在真叶数分别为 2 片、4 片、6 片时移植和直接播种。结果表明:选择林地表土作基质和 4~6 片真叶移植时,苗木生长最快、整齐,存活率也最高。罗婷等(2021)采用农业农村部推荐的"3414"施肥方法对云南蓝果树苗木培育技术开展研究表明,云南蓝果树幼苗的试验理论最佳氮、磷、钾施肥量分别为 5.28 g/株、0.99 g/株和 2.97 g/株。

9.2.3 无性繁殖

无性繁殖主要集中在扦插技术上，包括扦插收集和处理、生根促进和幼苗管理（邱琼等，2013）。邱琼等（2013）以1年生云南蓝果树幼树的嫩枝作插穗，研究不同扦插基质以及不同的1号生根粉（ABT1）浓度和不同枝条部位对云南蓝果树嫩枝扦插生根的影响。他们分别设置了4种基质处理（森林土、江沙、珍珠岩和河沙）、3种不同浓度的ABT1处理（0、200 mg/L和500 mg/L）及2种不同的枝条部位处理（带顶梢的穗条和不带顶梢的穗条）。结果表明，以江沙为扦插基质的生根效果最好；500 mg/L ABT1处理插穗的生根率、平均根长、最大值根长、根数量、全株鲜质量均较好；带顶梢的插穗扦插的生根率、平均根长、最大值根长、插穗生根数量、全株鲜重分别为59.55%、2.31 cm、4.05 cm、9.80条、1.63 g，获得较好的生根效果。

9.3 近地保护

在就地保护和迁地保护两种保护策略的基础上，我们提出了一种新的保护措施——近地保护（*para-situ* conservation）。近地保护是介于就地保护和迁地保护之间的一种保护形式，通过自然保护与人工繁育相结合，科学、规范地开展珍稀濒危物种近地保护，是极小种群野生植物保护的有效途径，可以达到保存这些物种并使之种群数量扩大的目标。广义的近地保护是在极小种群野生植物分布区气候条件范围内最近的专业性苗圃、保护区育苗基地、林场、植物园、树木园等，通过科学采集繁殖材料（种子、营养器官等）进行人工繁殖，对繁殖的苗木进行定植栽培、动态监测、数据采集及评价的保护措施。狭义的近地保护是仅针对分布区（点）极为狭窄、生境极为特殊、一般仅有1~2个分布点的极小种群野生植物，通过人工繁殖，在其分布区周围选择生境相似（气候及土壤）的自然或半自然地段进行定植管护，逐步形成稳定种群的保护方式。近地或似地保护在建立人工种群、增加种群数量的同时，强调保护基地和原生境气候、地形、土壤、水文、生物等立地因子的相似性，保持自然生境对新建种群的支撑和压力。立地条件相似是开展近地保护的关键。通常在目的物种天然分布区的邻近地区，选址建立近地保护基地。但在保证立地条件相似的前提下，也可在距目的物种天然分布区较远的区域，建立近地保护基地（孙卫邦和杨文忠，2013）。因此，近地保护基地与现有天然分布区（点）的距离可近可远。在前期调研结束后，西双版纳傣族自治州国家级自然保护区管理局根据保护行动计划开展了近地保护基地建设地点的选址工作，确定在关坪、野象谷和普文林场建立3个近地保护基地。

2009年6月,通过与当地林业部门合作,关坪建立了第一个近地种群。关坪距离云南蓝果树天然种群约30 km,在该地沿着自然环境良好的谷底,种植了300株1年生幼苗。除了在定植时浇水外,没有采取进一步的管理措施。2013年对基地内定植的树木进行的生长观测显示,云南蓝果树长势良好,平均胸径为2.41 cm,平均高度为3.65 m。部分个体的死亡主要是由于群落中其他树木的遮阴。

2010年7月,第二个近地种群在菜阳河森林公园建立。该地位于云南蓝果树天然种群以北18 km处,170株1年生幼苗定植在该地半自然的大田箐山谷的废弃农田中。2013年对基地内定植的树木进行的生长观测显示,云南蓝果树长势良好,平均胸径为3.70 cm,平均高度为2.45 m。部分幼苗的死亡主要是源于干旱胁迫。

2014年8月,在普文林场建立了第三个近地种群。该种群位于猴子箐谷底,距云南蓝果树天然种群1 km,群落组成主要为草本和灌木。首先是清理所有的草和灌木,但保留了高度超过3 m的乔木,然后按照3 m×4 m的株间距定植了500株1年生幼苗。在前3年,按照计划每年进行除草、松土和施肥两次;从第四年(2017年9月)开始,停止所有人为管理措施,任由其在自然状态下生长。

9.3.1 基地建设

2013年,先行建设15亩近地保护基地。进行设计、整地、打塘、定植,按每亩定植100株计算,约需苗木1500株(由普文林场种苗繁育基地提供),设计、整地、打塘、定植工作在4月底完成。后期管护(灌溉、施肥、砍草抚育等)从2013年5月开始,保证保存率在85%以上,并能看到近地保护效果。

9.3.2 基地工程碑

设立近地保护基地工程碑1块。工程碑采用砖混材料,规格高3 m、宽2.5 m、厚40 cm,对云南蓝果树进行简介并标明近地保护基地建设及规划情况。

9.3.3 效果观测

观测记录2个近地保护基地定植的云南蓝果树生长情况,并拍照、建档(表9-1)。

表9-1 近地保护的云南蓝果树生长统计表

地点	平均树高/m	平均胸径/cm	平均地径/cm	平均冠幅/(m×m)	物候观测
菜阳河森林公园(3年生)	2.45	3.7	4.78	1.54×1.71	生长良好,无病虫害
关坪(4年生)	3.65	2.4	—	2.00×1.92	生长良好,无病虫害

9.4 迁地保护

迁地保护是指将极小种群野生植物迁出原生地并移植到人工环境中进行栽培、养护和保存的保护形式。在目的物种所处气候带和生态区内，选择合适的地点，通常选择已建的植物园、树木园、种质收集圃等开展迁地保护。迁地保护通过移栽大苗、挖取野生幼苗、种子育苗或无性繁殖方法获得种苗等方式，在保护点建立具有足够遗传多样性的迁地保护种群。

迁地保护强调种质资源保存和备份，不强调环境压力的影响。迁地保护基地应采取适当的人工抚育和管护措施，确保备份种质资源得以保存；迁地保护点原则上不选择没有人工管护的野外自然生境，同时，应避免以盈利为目的的盲目引种，防止种质资源的流失和现有资源的退化（宋朝枢等，1993）。迁地保护备份的种质资源，应结合保护基地的科学规划，合理布局，防止近交、杂交、环境改变等引起的遗传多样性损失。

依托云南省林业和草原科学院昆明树木园、中国科学院昆明植物研究所昆明植物园，以及王子山、菜阳河和中国科学院西双版纳热带植物园的现有设施设备，充分利用各自的优势资源，加强必要的基础设施建设，配备必需的设备，开展云南蓝果树的迁地保护工作，编制相应的迁地保护规划或实施方案，并根据云南蓝果树种群的大小、生物学特性、小环境状况等，采用混合采种的方式采集种子等繁殖材料，应用适当方法，选择地块，建立健康的迁地保护种群，保存云南蓝果树种质资源，健全完善云南蓝果树迁地保护种群档案管理，并培养一支云南蓝果树迁地保护的专业技术与科研队伍。

迁地保护工作已于2012年陆续进行，分别在云南省林业和草原科学院昆明树木园、中国科学院昆明植物研究所昆明植物园和菜阳河国家森林公园迁地定植云南蓝果树100余株；在勐仑植物园定植云南蓝果树3株，并培育苗木一批；在西双版纳自然保护区管护局珍稀植物园定植苗木50余株。目前针对迁地保护植株的监测工作已逐步开展起来，并建立了相关的档案。

为了进一步促进迁地保护，进而异地保存云南蓝果树的种质资源，我们向园林绿化和园艺公司捐赠了约1000株幼苗，并鼓励将该物种用作人工景观环境中的观赏植物。

9.4.1 基地建设

通过科学采集云南蓝果树现有种群植株的繁殖器官，人工繁殖苗木并移栽保存，建立迁地保护基地。计划在云南省林业和草原科学院昆明树木园、中国科学院昆明植物所昆明植物园、王子山、菜阳河和中国科学院西双版纳热带植物园 5 个地方建立云南蓝果树的迁地保护基地。

9.4.2 效果观测

观测记录 5 个迁地保护基地定植的云南蓝果树生长情况,并拍照、建档(表 9-2 和图 9-3)。

表 9-2 迁地保护的云南蓝果树生长统计表

地点	平均树高/m	平均胸径/cm	平均地径/cm	平均冠幅/(m×m)	物候观测
版纳植物园(28 年)	23.3	27.1	—	3.77×3.27	生长良好,无花果
昆明植物园(10 年)	2.14	5.0	—	1.54×1.544	枯梢现象明显
昆明树木园(2 年)	0.78	—	1.75	0.55×0.57	偶有枯梢现象
昆明树木园(1 年)	0.36	—	1.03	0.29×0.28	偶有枯梢现象

图 9-3 昆明树木园迁地保护

9.5 种群恢复与重建

在极小种群物种已消失的原分布区或濒临灭绝的区域,通过回归引种,把人工繁育的植物移植到其自然或半自然生境中,是增加濒危植物野生种群和个体数量最有效的方式。其中,增强型回归指的是回归物种在回归物种现有分布区的不同种群中,增加用于回归的种源种群数量及引种个体数量,从而加大野外回归种群的遗传多样性,提高回归种群生存力,达到保护极小种群野生植物的目的(Falk et al.,1996)。关键技术主要包括育苗、整地、田间种植和早期管理等。

9.5.1 已回归 12 株的整理

通过查阅资料、访问老职工,确定了 12 株云南蓝果树种植年代和种植目的,整理了原有回归引种的 12 株云南蓝果树的信息,其平均胸径 34.5 cm,平均树高为 25.5 m。其中 1979 年回归 20 株,保留 7 株,1995 年回归 7 株,保留 5 株。2013

年6～7月，共回归283株；在前期试验观测的植株上，去除铁丝和相关设施，并为12株云南蓝果树挂设标牌；在12株云南蓝果树生长区域，砍修参观步道1条，约长300 m。

9.5.2 前期试验

在不破坏原生植被的基础上，选择原生地或者与原生地生境状况相似的自然或半自然区域，开展云南蓝果树回归的前期试验，主要采用ISSR分子标记方法，对云南蓝果树遗传多样性进行分析，确定云南蓝果树的有效样本量为24（见上文7.1.2遗传多样性分析结果）。最终重建云南蓝果树种群3～4个。

9.5.3 新建回归示范区10亩

在不破坏原生植被的基础上，计划块状清理与原生地生境状况相似的自然或半自然区域。云南蓝果树在普文林场或周边地区建立回归示范基地10亩（图9-4和图9-5），重建种群3～4个，开展回归模式和方法的试验：①在不破坏原生植被的基础上，见缝插针地植入云南蓝果树4年生大苗；②在清理原有灌木林地的基础上，植入1～2年生小苗；③在回归引种区域的边界上树立"云南蓝果树回归引种示范区"的石碑1块。出于保护丰富遗传多样性的目的，回归引种示范和重建种群尽可能选用实生苗。采用ISSR分子标记方法，对云南蓝果树遗传多样性进行分析，确定回归定植的云南蓝果树苗木48株（有效样本量24的2倍），确保成活率90%以上，建立新的回归引种示范区。

图9-4　回归引种植株

图 9-5　回归自然示范区介绍（杨文忠等，2016）

9.5.4　野外回归地建设

野外回归地建设包括原生境生物因子和非生物因子的调查分析、回归地选择和整理、适生生境营造、隔离带建设等。

9.5.5　野外回归巡护、管护和监测

建立云南蓝果树回归种群的监测信息系统，主要进行野外回归种群的巡护、管护和监测，建立管护和监测档案，必要时采取人工措施促进回归成功，并为其他物种的野外回归提供借鉴。

第 10 章　云南蓝果树的物种生存和延续

10.1　天然种群得到有效保护和恢复

通过建立保护小区，云南蓝果树天然种群得到有效保护。经系统调查和评估云南蓝果树资源现状，发现云南蓝果树已极度濒危，仅存 8 株。因此，拯救保护的首要任务是在云南蓝果树现存天然种群分布区域建立保护小区，以保护云南蓝果树种质资源及其生境。基于现存云南蓝果树种群结构、群落特征和生态习性的调查研究，编制了保护小区建设规划，建立了云南蓝果树保护小区，保存野生云南蓝果树 8 株和近 50 hm^2 的生境，其中有 3 株开花、结果；随着保护小区管理机构的建立、工程设施建设的推进、管理巡护制度的完善和宣传教育的开展，现存云南蓝果树天然种群及其生境基本得到完整保存。

通过回归引种，云南蓝果树天然种群得到恢复重建。经普文林场几代人的共同努力，在云南蓝果树保护小区内，回归了 4 个不同龄级的云南蓝果树 300 株，其中 1979 年回归的保留 7 株，1995 年回归的保留 5 株，2009 年 83 株，2013 年 200 余株。目前 1979 年和 1995 年回归的植株中有 4 株已开花结果。这项工作能为后续拯救保护工作提供种质资源保障。

10.2　人工种群不断壮大

掌握了云南蓝果树种苗繁育技术。以国家林业和草原局珍稀濒特森林植物保护和繁育重点实验室和云南省林业和草原科学院普文林场为依托，建立起云南蓝果树种苗繁育基地；通过试验研究，成功研发了有性和无性繁殖技术，开展实生苗和扦插苗的繁育，为回归引种、近地保护和迁地保护等提供种苗保障。人工种群数量和规模有了显著增加。在林业保护部门和相关科研机构的支持下，通过实施近地保护和迁地保护行动，目前已建立云南蓝果树人工种群 6 个，共约 700 株。其中，近地保护种群 1 个（关坪 200 株）和迁地保护种群 5 个（勐仑植物园 3 株、西双版纳自然保护区管护局珍稀植物园 50 株、菜阳河国家森林公园 100 株、昆明植物园 100 株和昆明树木园 100 株）。人工种群得以建立，且规模和数量不断增加。随着拯救保护的深入开展，人工种群有望进一步扩大。

参 考 文 献

曹光球, 林思祖, 王爱萍, 等. 2005. 马尾松根化感物质的生物活性评价与物质鉴定. 应用与环境生物学报, 11(6): 686-689.
陈冬青, 皇甫超河, 刘红梅, 等. 2013. 水分胁迫和杀真菌剂对黄顶菊生长和抗旱性的影响. 生态学报, 33(7): 2113-2120.
陈发菊, 梁宏伟, 王旭, 等. 2007. 濒危植物巴东木莲种子休眠与萌发特性的研究. 生物多样性, 15(5): 492-499.
陈灵芝. 1993. 中国的生物多样性: 现状及其保护对策. 北京: 科学出版社.
陈龙池, 汪思龙. 2003. 杉木根系分泌物化感作用研究. 生态学报, 23(2): 393-398.
陈伟, 史富强, 杨文忠, 等. 2011. 云南蓝果树的种群状况及生态习性. 东北林业大学学报, 39(9): 17-19.
陈伟, 杨楼, 马绍宾. 2008. 濒危药用植物桃儿七种子的萌发特性初探. 种子, (4): 49-51.
陈昕, 徐宜凤, 张振英. 2012. 干旱胁迫下石灰花楸幼苗叶片的解剖结构和光合生理响应. 西北植物学报, 32(1): 111-116.
陈韵. 2013. 光照和土壤水分对半夏生长和品质的影响. 南京: 南京农业大学硕士学位论文.
程雨, 宋策, 陈典, 等. 2017. 洋葱细胞质雄性不育系小孢子败育的细胞形态学结构. 江苏农业科学, 45(7): 107-110.
褚延广, 苏晓华. 2008. 单核苷酸多态性在林木中的研究进展. 遗传, 30(10): 1272-1278.
党海山, 张燕君, 江明喜, 等. 2005. 濒危植物毛柄小勾儿茶种子休眠与萌发生理的初步研究. 武汉植物学研究, 23(4): 327-331.
党晓宏, 高永, 虞毅, 等. 2013. 3种滨藜属牧草苗期叶片解剖结构及生理特性对干旱的响应. 西北植物学报, 34(5): 976-987.
董美芳, 王正德, 尚富德. 2006. 小盐芥小孢子发生和雄配子体发育研究. 西北植物学报, 26(5): 964-969.
豆丽萍, 王庆亚, 唐灿明, 等. 2009. 陆地棉双隐性核雄性不育系 ms5 ms6 花药发育过程的研究. 棉花学报, 21(4): 265-270.
段阳, 姚盟, 蒙立颖, 等. 2016. T型细胞质雄性不育小麦T763A的败育特点及育性恢复. 华北农学报, 31(2): 98-105.
房伟民, 陈发棣. 2003. 园林绿化观赏苗木繁育与栽培. 北京: 金盾出版社.
付士磊, 周永斌, 何兴元, 等. 2006. 干旱胁迫对杨树光合生理指标的影响. 应用生态学报, 17(11): 2016-2019.
傅家瑞. 1985. 种子生理. 北京: 科学出版社: 207.
傅立国. 1991. 中国植物红皮书: 稀有濒危植物(第一册). 北京: 科学出版社.
葛菲, 聂琼, 乔光, 等. 2016. 转火龙果过氧化氢酶基因烟草植株的获得及其抗旱性分析. 西南大学学报(自然科学版), 38(11): 57-63.
顾云春. 2003. 中国国家重点保护野生植物现状. 中南林业调查规划, 22(4): 1-7.

郭改改, 封斌, 麻保林, 等. 2013. 不同区域长柄扁桃叶片解剖结构及其抗旱性分析. 西北植物学报, 33(4): 720-728.

郭辉军. 2009. 认真实施极小种群物种保护. 云南林业, (5): 7.

郭辉军. 2012. 开创极小种群野生植物保护工作新局面. 云南林业, 33(6): 16-17.

郭钰, 李亚莉, 黄媛, 等. 2011. 云南迪庆藏族自治州青稞种质资源亲缘关系的 SSR 标记分析. 基因组学与应用生物学, 30: 1174-1181.

国家环境保护局, 中国科学院植物研究所. 1987. 中国珍稀濒危保护植物名录(第一册). 生物学通报, 7: 23-28.

国家林业局. 2011. 全国极小种群野生植物拯救保护工程规划(2011—2015 年). 北京: 国家林业局.

国家林业局野生动植物保护与自然保护区管理局, 中国科学院植物研究所. 2013. 中国珍稀濒危植物图鉴. 北京: 中国林业出版社.

国务院环境保护委员会. 1984. 我国第一批珍稀濒危保护植物名录. 大自然, (6): 45-46.

何友均, 李忠, 崔国发, 等. 2004. 濒危物种保护方法研究进展. 生态学报, 24(2): 338-346.

何跃军, 钟章成, 刘锦春, 等. 2008. 石灰岩土壤基质上构树幼苗接种丛枝菌根(AM)真菌的光合特征. 植物研究, 28(4): 452-457.

贺军辉. 1991. 蓝果树科 3 种代表植物的染色体观察. 湖南林业科技, 18(2): 40-41.

贺学礼, 高露, 赵丽莉. 2011. 水分胁迫下丛枝菌根 AM 真菌对民勤绢蒿生长与抗旱性的影响. 生态学报, 31(4): 1029-1037.

贺学礼, 李生秀. 1999. 不同 VA 菌根真菌对玉米生长及抗旱性的影响. 西北农业大学学报, 27(6): 49-53.

贺学礼, 赵丽莉. 1999. 非灭菌条件下 VA 菌根真菌对小麦生长发育的影响. 土壤通报, 30(2): 57-59.

黄闽敏, 潘存德, 罗侠, 等. 2005. 天山云杉针叶提取物对种子萌发和幼苗生长的影响. 新疆农业大学学报, 28(3): 30-34.

黄珊珊, 黄鹤, 曾庆钱, 等. 2015. 线纹香茶菜小孢子发育细胞学研究. 种子, 34(6): 5-9.

季孔庶, 孙志勇, 方彦. 2006. 林木抗旱性研究进展. 南京林业大学学报(自然科学版), 30(6): 123-128.

蒋有绪. 1981. 川西亚高山冷杉林枯枝落叶层的群落学作用. 植物生态学与地植物学丛刊, 5(2): 89-98.

金鑫, 胡万良, 丁磊, 等. 2009. 遮阴对红松幼苗生长及光合特性的影响. 东北林业大学学报, 37(9): 12-13, 47.

卡恩 A A. 1989. 种子休眠和萌发的生理生化. 北京: 农业出版社: 37-40.

康洪梅, 张珊珊, 罗婷, 等. 2019. 云南蓝果树两性花的花药发育机制. 西部林业科学, 48(5): 65-68.

康洪梅, 张珊珊, 史福强, 等. 2018. 主要气候因子对极小种群野生植物云南蓝果树生长的影响. 东北林业大学学报, 46(2): 23-27.

康明, 叶其刚, 黄宏文. 2005. 植物迁地保护中的遗传风险. 遗传, 27(1): 160-166.

李彬, 蔡宇良, 赵晓军, 等. 2015. '马哈利'樱桃雄性不育细胞学观察. 西北植物学报, 35(10): 2007-2011.

李登武, 王冬梅, 姚文旭. 2010. 油松的自毒作用及其生态学意义. 林业科学, 46(11): 174-178.

李芳兰, 包维楷. 2005. 植物叶片形态解剖结构对环境变化的响应与适应. 植物学通报, 22(1): 118-127.

李懋学, 张敦方. 1991. 植物染色体研究技术. 哈尔滨: 东北林业大学出版社: 120.

李鸣光, 张炜银, 王伯逊, 等. 2002. 薇甘菊种子萌发特性的初步研究. 中山大学学报, 4(6): 57-59.

李蓉, 叶勇. 2005. 种子休眠与破眠机理研究进展. 西北植物学报, 25(11): 2350-2355.

李瑞奇, 杨鑫雷, 张艳, 等. 2014. 河北省冬小麦品种 SSR 标记遗传多样性分析. 植物遗传资源学报, 15(3): 526-533.

李晓波, 王克, 范猛, 等. 2001. 最小存活种群的确定与生物多样性保护. 东北师大学报(自然科学版), 33(3): 86-90.

李晓燕, 李连国, 刘志华. 1994. 腾格里沙漠主要旱生植物旱性结构的初步研究. 内蒙古农业大学学报, 15(3): 30-32.

李雪萍, 陈发菊, 庄静冰, 等. 2008. 珙桐大小孢子发生及雌雄配子发育的细胞学观察. 浙江农业科学, 1(5): 546-550.

李雪萍, 郑雪, 朱文琰, 等. 2012. 濒危植物珙桐遗传多样性与遗传结构的 ISSR 分析. 广东农业科学, 39(6): 121-123.

李义明. 2003. 种群生存力分析: 准确性和保护应用. 生物多样性, 11(4): 340-350.

李义明, 李欣海, 李典谟, 等. 1997a. 种群生存力分析. 主题: 保护生物学. 杭州: 浙江科学技术出版社: 120-131.

李义明, 李欣海, 李典谟. 1997b. 种群生存力分析. 见: 蒋志刚, 马克平, 韩兴国. 保护生物学. 杭州: 浙江科学技术出版社: 120-131.

李玉媛, 郭立群, 胡志浩. 2005. 云南国家重点保护野生植物. 昆明: 云南科技出版社.

李玉媛. 2003. 菜阳河自然保护区定位监测. 昆明: 云南大学出版社.

梁宇, 高玉葆, 陈世苹, 等. 2001. 干旱胁迫下内生真菌感染对黑麦草实验种群光合、蒸腾和水分利用的影响. 植物生态学报, 25(5): 537-543.

刘尚华, 石凤翎, 吕世海, 等. 2008. 京西百花山区植物群落凋落物对土壤种子库的影响. 水土保持通报, 28(2): 41-47.

刘文杰, 李红梅. 1997. 西双版纳旅游气候资源. 自然资源, 19(2): 62-66.

刘晓瑞, 陈祖铿, 苏立娟, 等. 2008. 百合科山韭小孢子发生及雄配子体发育. 热带亚热带植物学报, 16(2): 153-159.

鲁兆莉, 覃海宁, 金效华, 等. 2021. 《国家重点保护野生植物名录》调整的必要性、原则和程序. 生物多样性, 29(12): 1577-1582.

罗婷, 杨文忠, 张珊珊. 2021. 施肥对云南蓝果树幼苗抗旱生理指标的影响. 中南林业科技大学学报, 41(2): 54-62.

彭婧, 巩振辉, 黄炜, 等. 2010. 辣椒雄性不育材料 H9A 小孢子败育机理. 植物学报, 45(1): 47-51.

彭闪江, 黄忠良, 彭少麟, 等. 2004. 植物天然更新过程中种子和幼苗死亡的影响因素. 广西植物, 24(2): 113-121.

彭少麟, 邵华. 2001. 化感作用的研究意义及发展前景. 应用生态学报, 12(5): 780-786.

彭少麟, 汪殿蓓, 李勤奋. 2002. 植物种群生存力分析研究进展. 生态学报, 22(12): 2175-2185.

邱琼, 杨德军, 王磊, 等. 2013. 云南蓝果树嫩枝扦插繁殖实验. 西部林业科学, 42(5): 105-108.

任海, 简曙光, 刘红晓, 等. 2014. 珍稀濒危植物的野外回归研究进展. 中国科学: 生命科学, 44(3): 230-237.

任媛媛, 刘艳萍, 王念, 等. 2014. 9种屋顶绿化阔叶植物叶片解剖结构与抗旱性的关系. 南京林业大学学报(自然科学版), 38(4): 64-68.
尚旭岚, 徐锡增, 方升佐. 2011. 青钱柳种子休眠机制. 林业科学, 47(3): 68.
沈琼桃. 2011. 濒危植物白桂木种子萌发生理研究. 西北林学院学报, 26(2): 111-113.
石璇, 王茹媛, 唐君, 等. 2016. 利用简化基因组技术分析甘薯种间单核苷酸多态性. 作物学报, 42(3): 641-647.
宋朝枢, 张清华, 谢濑, 等. 1993. 林木种质资源保存原则与方法(GB/T 14072—1993). 北京: 国家技术监督局.
宋富强, 赵俊斌, 张一平, 等. 2010. 西双版纳区域气候变化对植物生长趋势的影响. 云南植物研究, 32(6): 547-553.
宋会兴, 彭远英, 钟章成. 2008. 干旱生境中接种丛枝菌根真菌对三叶鬼针草(Bidens pilosa L.)光合特征的影响. 生态学报, 28(8): 3744-3751.
苏金明, 傅荣华, 周建斌, 等. 2000. 统计软件SPSS for Windows实用指南. 北京: 电子工业出版社: 1-417.
孙宝玲. 2008. 中国蓝果树属分类学与极度濒危植物云南蓝果树保护生物学. 北京: 中国科学院研究生院博士学位论文.
孙宝玲, 张长芹, 周凤林, 等. 2007. 极度濒危植物: 云南蓝果树的种子形态和不同处理条件对种子萌发的影响. 云南植物研究, 29(3): 351-354.
孙宝玲, 张长芹. 2007. 极度濒危植物云南蓝果树的形态修订. 云南植物研究, 29(2): 173-175.
孙灿岳. 2014. 不同光照强度对栓皮栎幼苗生长特性影响. 南宁: 广西大学硕士学位论文.
孙存华, 李扬, 杜伟, 等. 2007. 干旱胁迫下藜的光合特性研究. 植物研究, 27(6): 715-720.
孙佳音, 杨逢建, 庞海河, 等. 2007. 遮荫对南方红豆杉光合特性及生活史型影响. 植物研究, 27(4): 439-444.
孙卫邦. 2022. 云南省极小种群野生植物保护名录(2021版). 昆明: 云南科技出版社.
孙卫邦, 杨文忠. 2013. 云南省极小种群野生植物保护实践与探索. 昆明: 云南科技出版社.
孙秀琴, 安蒲瑷, 李庆梅. 1998. 紫荆种子休眠解除及促进萌发的研究. 林业科学研究, 11(4): 407-411.
孙艳, 崔鸿文, 李文平. 1995. 几种化学物质浸种对辣椒种子发芽力的影响. 种子, (5): 17-19.
汤景明, 翟明普. 2005. 影响天然林树种更新因素的研究进展. 福建林学院学报, 25(4): 379-383.
陶兴林, 侯栋, 朱惠霞, 等. 2017b. 花椰菜温敏型雄性不育系GS-19花药败育的细胞学及转录组分析. 中国农业科学, 50(13): 2538-2552.
陶兴林, 谢志军, 朱惠霞, 等. 2017b. 花椰菜2种雄性不育系花器特征及花药发育的细胞学研究. 草业学报, 26(5): 144-154.
田帅, 刘振坤, 唐明. 2013. 不同水分条件下丛枝菌根真菌对刺槐生长和光合特性的影响. 西北林学院学报, 28(4): 111-115.
田瑜, 邬建国, 寇晓军, 等. 2011. 种群生存力分析(PVA)的方法与应用. 应用生态学报, 22(1): 257-267.
王红梅, 徐忠文, 沙伟, 等. 2006. 干旱胁迫对亚麻萌发的影响. 防护林科技, 14(5): 27-29.
王久利, 朱明星, 徐明行, 等. 2017. 基于RAD-seq技术的异型花SSR信息分析. 植物研究, 37(3): 447-452, 460.
王兰兰, 王晓林, 魏兵强, 等. 2015. 辣椒雄性不育系及保持系小孢子发育的细胞学比较. 西北

农业学报, 24(1): 115-118

王满莲, 冯玉龙. 2005. 紫茎泽兰和飞机草的形态、生物量分配和光合特性对氮营养的响应. 植物生态学报, 29(5): 697-705.

王淼, 代力民, 姬兰柱, 等. 2001. 长白山阔叶红松林主要树种对干旱胁迫的生态反应及生物量分配的初步研究. 应用生态学报, 12(4): 496-500.

王强, 阮晓, 李兆慧, 等. 2007. 植物自毒作用及针叶林自毒研究进展. 林业科学, 43(6): 134-142.

王沙生. 1989. 种子休眠和萌发的生理生化. 北京: 农业出版社: 37-40.

王胜男. 2013-10-16. 全国极小种群野生植物保护工作经验交流会在云南召开: 拯救极小种群野生植物, 中国在行动！中国绿色时报, 1-2.

王述彬. 2005. 辣(甜)椒细胞质雄性不育系遗传机制及不育基因分子标记研究. 南京: 南京农业大学博士学位论文.

王晓娟, 张凤兰, 杨忠仁, 等. 2011. 沙葱种皮特性、种胚及种子浸提液与种子休眠的关系. 植物生理学报, 47(6): 589-594.

王勋陵, 王静. 1989. 植物的形态结构与环境. 兰州: 兰州大学出版社: 105-138.

王友凤, 马祥庆. 2007. 林木种子萌发的生理生态学机理研究进展. 世界林业研究, 20(4): 19-23.

王云生, 黄宏文, 王瑛. 2007. 植物分子群体遗传学研究动态. 遗传, 29(10): 1191-1198.

王峥峰, 彭少麟, 任海. 2005. 小种群的遗传变异和近交衰退. 植物遗传资源学报, 6(1): 101-107.

魏玉杰, 张金文, 何庆祥, 等. 2012. 不同生态区罂粟种质的遗传多样性ISSR分析. 植物遗传资源学报, 13(2): 239-243.

吴强盛, 夏仁学. 2005. 水分胁迫下丛枝菌根真菌对枳实生苗生长和渗透调节物质含量的影响. 应用生态学报, 16(5): 865-869.

吴小巧, 黄宝龙, 丁雨龙. 2004. 中国珍稀濒危植物保护研究现状与进展. 南京林业大学学报(自然科学版), 28(2): 5.

吴娅萍, 侯昭强, 陈中华, 等. 2015. 云南蓝果树的种群资源及分布现状. 西部林业科学, 44(6): 26-30.

吴征镒. 1991. 中国种子植物属的分布区类型. 云南植物研究, 增刊Ⅳ: 1-139.

夏江宝, 张光灿, 刘京涛, 等. 2008. 美国凌霄光合生理参数对水分与光照的响应. 北京林业大学学报, 30(5): 13-18.

向振勇, 张珊珊, 杨文忠, 等. 2015. 基于ISSR遗传多样性分析的云南蓝果树保护措施探索. 植物遗传资源学报, 16(3): 664-669.

徐保燕, 余贵湘, 徐章飞, 等. 2019. 不同基质和移苗时间对云南蓝果树幼苗生长的影响. 林业科技通讯, 16(7): 45-48.

徐飞, 郭卫华, 徐伟红, 等. 2010. 刺槐幼苗形态、生物量分配和光合特性对水分胁迫的响应. 北京林业大学学报, 32(1): 24-30.

徐芬芬, 杜佳朋. 2013. 干旱胁迫和盐胁迫对芝麻种子萌发的影响. 种子, 32(11): 85-86.

徐振邦, 代力民, 陈吉泉, 等. 2001. 长白山红松阔叶混交林森林天然更新条件的研究. 生态学报, 21(9): 1413-1420.

许再富, 郭辉军. 2014. 极小种群野生植物的近地保护. 植物分类与资源学报, 36(4): 533-536.

许忠民, 张恩慧, 程永安, 等. 2012. 甘蓝胞质雄性不育系CMS158小孢子发生的细胞学研究. 西北农业学报, 21(3): 118-121.

闫兴富, 曹敏. 2007. 不同光照对望天树种子萌发和幼苗早期生长的影响. 应用生态学报, 18(1): 23-29.

晏慧君, 付坚, 李俊, 等. 2006. 云南普通野生稻遗传多样性和亲缘关系. 植物学通报, 23(6): 670-676.

羊留冬, 杨燕, 王根绪, 等. 2010. 森林凋落物对种子萌发和幼苗生长的影响. 生态学杂志, 29(9): 1820-1826.

杨九艳, 杨劼, 杨明博, 等. 2009. 锦鸡儿属 7 种植物叶的生理生化分析. 西北植物学报, 29(12): 2476-2482.

杨清, 韩蕾, 许再富. 2005. 中国植物园保护稀有濒危植物的现状和若干对策. 农村生态环境, 21(1): 62-66.

杨文忠, 康洪梅, 向振勇, 等. 2014. 极小种群野生植物保护的主要内容和技术要求. 西部林业科学, 43(5): 24-29.

杨文忠, 李永杰, 余昌元. 2011a. 极小种群云南蓝果树保护小区建设规划. 昆明: 国家林业局珍稀濒特森林植物保护和繁育重点实验室.

杨文忠, 李永杰, 张珊珊, 等. 2016. 云南蓝果树保护小区: 中国首个极小种群野生植物保护小区建设实践. 西部林业科学, 45(3): 149-154.

杨文忠, 向振勇, 张珊珊, 等. 2015. 极小种群野生植物的概念及其对我国野生植物保护的影响. 生物多样性, 23(3): 1-7.

杨文忠, 杨宇明. 2014. 云南省极小种群野生植物保护的优先度分析. 西部林业科学, 43(4): 1-9.

杨文忠, 张珊珊, 向振勇. 2011b. 极小种群云南蓝果树保护行动计划. 昆明: 国家林业局珍稀濒特森林植物保护和繁育重点实验室.

杨文忠, 周云, 蒋宏, 等. 2010. 云南蓝果树种群调查与分析报告. 昆明: 国家林业局珍稀濒特森林植物保护和繁育重点实验室.

杨占彪, 李圣男, 金红喜. 2011. 六盘山林区华北落叶松天然更新影响因素研究. 江苏农业科学, 39(3): 206-209.

杨振寅, 廖声熙. 2005. 丛枝菌根对植物抗性的影响研究进展. 世界林业研究, 18(2): 26-29.

于永福. 1999. 中国野生植物保护工作的里程碑: 《国家重点保护野生植物名录(第一批)》出台. 植物杂志, (5): 3-11.

袁瑞玲, 向振勇, 杨文忠, 等. 2013. 云南蓝果树种子休眠与萌发特性. 林业科学研究, 26(3): 384-388.

云南省林业厅. 2004. 糯扎渡自然保护区. 昆明: 云南科技出版社.

张连友. 2008-4-10. 中国极小种群野生植物亟待保护. 中国绿色时报, A1.

张玲玲, 张晓芬, 陈斌, 等. 2012. 辣椒细胞质雄性不育系 FS1030A 小孢子发生的细胞形态学观察. 华北农学报, 27(5): 122-126.

张露, 郭联华, 杜天真, 等. 2006. 遮荫和土壤水分对毛红椿幼苗光合特性的影响. 南京林业大学学报(自然科学版), 30(5): 63-66.

张珊珊, 康洪梅, 杨文忠, 等. 2016a. 干旱胁迫下 AMF 对云南蓝果树叶片解剖结构的影响. 广西植物, 36(10): 1265-1274.

张珊珊, 康洪梅, 杨文忠, 等. 2016b. 干旱胁迫下 AMF 对云南蓝果树幼苗生长和光合特征的影响. 生态学报, 36(21): 1-13.

张珊珊, 康洪梅, 杨文忠, 等. 2016c. 干旱胁迫下水杨酸浸种对云南蓝果树幼苗生理相应的影响. 东北林业大学学报, 44(9): 34-39.

张珊珊, 康洪梅, 杨文忠, 等. 2017. 水杨酸浸种处理对干旱胁迫下云南蓝果树种子萌发和早期幼苗生长的影响. 西部林业科学, 46(2): 8-14.

张珊珊, 康洪梅, 杨文忠, 等. 2018a. 干旱对云南蓝果树种子萌发的影响. 云南江西农业大学学报, 40(3): 516-524.

张珊珊, 康洪梅, 杨文忠, 等. 2019. 基于基因组技术的云南蓝果树群体遗传分析. 植物研究, 39(6): 899-907.

张珊珊, 向振勇, 康洪梅, 等. 2014. 云南蓝果树对种子萌发及幼苗生长的自毒效应. 林业科学研究, 27(4): 502-507.

张珊珊, 向振勇, 康洪梅, 等. 2016d. 云南蓝果树凋零物对其天然更新的影响. 东北林业大学学报, 44(1): 6-10.

张珊珊, 杨文忠, 康洪梅, 等. 2018b. 光强和土壤含水量对云南蓝果树幼苗生长及光合特征的影响. 46(3): 16-23.

张笑, 郑骑坚, 李忠虎, 等. 2015. 绞股蓝的遗传多样性和群体结构研究. 中草药, 46(13): 1958-1965.

张玉晶, 李牡丹, 石旭, 等. 2011. 珙桐基因组 DNA 的提取及 ISSR-PCR 体系的优化. 山地农业生物学报, 30(3): 211-214.

张玉梅, 徐刚标, 申响保, 等. 2012. 珙桐天然种群遗传多样性的 ISSR 标记分析. 林业科学, 8(48): 62-67.

章英才, 闫天珍. 2003. 花花柴叶片解剖结构与生态环境关系的研究. 宁夏农学院学报, 24(1): 31-33.

赵金莉, 贺学礼. 2007. AM 真菌对油蒿生长和抗旱性的影响. 华北农学报, 22(5): 184-188.

郑淑霞, 上官周平. 2007. 黄土高原油松和刺槐叶片光合生理适应性比较. 应用生态学报, 18(1): 16-22.

职桂叶, 陈欣, 唐建军. 2003. 丛枝菌根真菌(AMF)对植物群落调节的研究进展. 菌物系统, 22(4): 678-682.

中国科学院云南热带植物研究所. 1984. 西双版纳植物名录. 昆明: 云南民族出版社.

周彬. 2010. 云南省第一批省级重点保护野生植物名录修订. 云南植物研究, 32(3): 221-226.

周旭红, 蒋亚莲, 李姝影, 等. 2016. 冬季低温条件下香石竹小孢子败育的细胞学研究. 西北植物学报, 36(1): 37-42.

周艳, 陈训, 韦小丽, 等. 2015. 凋落物对迷人杜鹃幼苗更新和种子萌发的影响. 林业科学, 51(3): 65-74.

周元. 2003. 滇青冈种子的萌发. 植物生理学通讯, 39(4): 325-326.

朱华, 赵崇奖, 王洪, 等. 2006. 思茅莱阳河自然保护区植物区系研究: 兼论热带亚洲植物区系向东亚植物区系的过渡. 植物研究, 26(1): 39-53.

朱云国, 王学德. 2008. 棉花转基因恢复系杂种 F1 小孢子发生的细胞学观察. 西北植物学报, 28(12): 2374-2379.

邹伶俐, 张明如, 刘欣欣, 等. 2012. 不同光强和土壤水分条件对芒萁光合作用和叶绿素荧光参数的影响. 内蒙古农业大学学报, 33(1): 33-37.

邹喻苹, 葛颂, 王晓东. 2001. 系统与进化植物学中的分子标记. 北京: 科学出版社.

Abrams M D. 1990. Adaptations and responses to drought in *Quercus* species of North America. Tree Physiology, 7(1-4): 227-238.

Ackerly D D, Bazzaz F A. 1995. Leaf dynamics, self-shading and carbon gain in seedlings of a tropical pioneer tree. Oecologia, 101(3): 289-298.

Albrecht M A, Guerrant E O, Maschinski J, et al. 2011. A long-term view of rare plant reintroduction. Biological Conservation, 144(11): 2557.

Alexander D H, Novembre J, Lange K. 2009. Fast model-based estimation of ancestry in unrelated individuals. Genome Research, 19(9): 1655-1664.

Allen C D, Macalady A K, Chenchouni H, et al. 2010. A global overview of drought and heat-induced tree mortality reveals merging climate change risks for forests. Forest Ecology and Management, 259(4): 60-684.

Almansouri M, Kinet J M, Lutts S. 2001. Effect of salt and osmotic stresses on germination in durum wheat (*Triticum durum* Desf). Plant and Soil, 231(2): 243-254.

Anderson G J, Stebbins G L. 1984. Dioecy versus gametophytic self-incompatibility: A test. American Naturalist, 124(3): 423.

Augsberger C K. 1984. Light requirements of neo-tropical: a comparative study of growth & survival. Journal of Ecology, 72(1): 777-795.

Barbeta A O, Peñuelas R J. 2013. Dampening effects of longterm experimental drought on growth and mortality rates of a *Holm oak* forest. Global Change Biology, 19(10): 3133-3144.

Barbeta A, Ogaya R, Peñuelas J. 2013. Dampening effects of long-term experimental drought on growth and mortality rates of a holm oak forest. Global Change Biology, 19(10): 3133-3144.

Bewley J D, Black M. 1994. Seeds: physiology of development and germination. New York: Plenum Press: 199-257.

Bohnert H J, Jensen R G. 1996. Strategies for engineering water stress tolerance in plants. Trends in Biotechnology, 14(3): 89-97.

Bosy J L, Reader R J. 1995. Mechanisms underlying the suppression of forb seedling emergence by grass (*Poa pratensis*) litter. Functional Ecology, 9(4): 635-639.

Botstein D, White R L, Skolnick M, et al. 1980. Construction of a genetic linkage map in man using restriction fragment length polymorphisms. American Journal of Human Genetics, 32(3): 314-331.

Bruneaux M, Johnston S E, Herczeg G, et al. 2013. Molecular evolutionary and population genomic analysis of the nine-spined stickleback using a modified restriction-site-associated DNA tag approach. Molecular Ecology, 22(3): 565-582.

Caboun V. 2006. Tree-tree allelopathic interactions in middle European forests. Allelopathy Journal, 17(1): 17-31.

Cao M, Zhang J. 1997. Tree species diversity of tropical forest vegetation in Xishuangbanna, SW China. Biodiversity Conservation, 6(7): 995-1006.

Cao P J, Yao Q F, Ding B Y, et al. 2006. Genetic diversity of *Sinojackia dolichocarpa* (Styracaceae), a species endangered and endemic to China, detected by inter-simple sequence repeat (ISSR). Biochemical Systematics and Ecology, 34(3): 231-239.

Carón M M, Frenne P D, Brunet J, et al. 2015. Interacting effects of warming and drought on regeneration and early growth of *Acer pseudoplatanus* and *A. platanoides*. Plant Biology, 17(1): 52-62.

Catchen J, Bassham S, Wilson T, et al. 2013. The population structure and recent colonization history of Oregon threespine stickleback determined using restriction-site associated DNA-sequencing. Molecular Ecology, 22(11): 2864-2883.

Cavallaro V, Barbera A C, Maucieri C, et al. 2016. Evaluation of variability to drought and saline stress through the germination of different ecotypes of carob (*Ceratonia siliqua* L.) using a hydrotime model. Ecological Engineering, 95(10): 557-566.

Chung I M, Miller D A. 1995. Differences in autotoxicity among 7 alfalfa cultivars. Agronomy Journal, 87(3): 596-600.

Clark D A, Piper S C, Keeling C D, et al. 2003. Tropical rain forest tree growth and atmospheric carbon dynamics linked to interannual temperature variation during 1984-2000. PNAS, 100(10): 5852-5857.

Clark D B, Clark D A, Oberbauer S F. 2010. Annual wood production in a tropical rain forest in NE Costa Rica linked to climatic variation but not to increasing CO_2. Global Change Biology, 16(2): 747-759.

Cochrane A, Daws M I, Hay F R. 2011. Seed-based approach for identifying flora at risk from climate warming. Austral Ecology, 36(8): 923-935.

Davey J W, Blaxter M L. 2010. RADSeq: next-generation population genetics. Briefings in Functional Genomics, 9(5-6): 416-423.

Day S, Kaya M D, Kolsarici Ö. 2008. Effects of NaCl levels on germination of some confectionary sunflower (*Helianthus annuus* L.) genotypes. Tarim Bilimleri Dergisi, 14(3): 230-236.

Eckstein R L, Donath T W. 2005. Interactions between litter and water availability affect seedling emergence in four familial pairs of floodplain species. Journal of Ecology, 93(4): 807-816.

Edye R H. 1963. Morphological and paleobotanical studies of the Nyssaceae I: A survey of the modern species and their fruits. Journal of the Arnold Arboretum, 44: 1-59.

Engelbrecht B M J, Kursar T A. 2003. Comparative drought-resistance of seedlings of 28 species of co-occurring tropical woody plants. Oecologia, 136(3): 383-393.

Etter P D, Bassham S, Homenlohe P A, et al. 2012. SNP discovery and genotyping for evolutionary genetics using RAD sequencing. In: Rockman M. Methods in molecular biology. Totowa: Humana Press: 157-178.

Facelli J M, Pickett S T A. 1991. Plant litter: light interceptionand effects on an oldfield plant community. Ecology, 72(3): 1024-1031.

Falk D A, Millar C I, Olwell M. 1996. Restoring diversity: strategies for reintroduction of endangered plants. Washington, DC: Island Press.

Fernandez C, Voiriot S, Mévy J P, et al. 2008. Regeneration failure of *Pinus halepensis* Mill: the role of autotoxicity and some abiotic environmental parameters. Forest Ecology and Management, 255(7): 2928-2936.

Fiedler P L, Ahouse S J. 1992. Hierarchies of cause: Towards an understanding of rarity in vascular plant species. In: Fiedler P L, Jain S D. Conservation biology: the theory and practice of nature conservation, preservation and management. New York, Routledge: Chapman & Hall, Inc.: 23-48.

Frankham R, Ballou J D, Briscoe D A. 2002. Introduction to conservation genetics. Cambridge: Cambridge University Press.

Frankham R, Bradshaw C J A, Brook B W. 2014. Genetics in conservation management: Revised recommendations for the 50/500 rules, Red List criteria and population viability analyses. Biological Conservation, 170: 56-63.

Fujii Y, Shibuya T, Nakatani K, et al. 2004. Assessment method for allelopathic effect from leaf litter. Weed Biology and Management, 4(1): 19-23.

Gamze O K C U, Kaya M D, Atak M. 2005. Effects of salt and drought stresses on germination and seedling growth of Pea (*Pisum sativum* L.). Turkish Journal of Agriculture and Forestry (Turkey), 29(4): 237-242.

Goldblatt P. 1978. A contribution to Cytology in Cornales. Annals of the Missouri Botanical Garden,

65(2): 650-655.

Guo Q, Rundel P W, Goodall D W. 1998. Horizontal and vertical distribution of desert seed banks: patterns, causes, and implications. Journal of Arid Environments, 38(3): 465-478.

Hamilton M B. 2009. Population genetics. West Sussex: Wiley-Blackwell.

Hamrick J L, Godt M J W. 1996. Effects of life history traits on genetic diversity in plant species. Philosophical Transactions of the Royal Society B: Biological Sciences, 351(1345): 1291-1298.

Hartl D L, Clark G C. 2007. Principles of population genetics. 4th ed. Sunderland, Massachusetts: Sinauer Associates.

Hohenlohe P A, Amish S J, Catchen J M, et al. 2011. Next-generation RAD sequencing identifies thousands of SNPs for assessing hybridization between rainbow and westslope cutthroat trout. Molecular Ecology Resources, 11(S1): 117-122.

Hovstad K A, Ohlson M. 2008. Physical and chemical effects of litter on plant establishment in semi-natural grasslands. Plant Ecology, 196(2): 251-260.

Huang B Q, Sheridan W F. 1994. Female gametophyte development in maize: microtubular organization and embryo sac polarity. Plant Cell, 6(6): 845-861.

Huang Z, Terry H, Wang S, et al. 2002. Autotoxicity of Chinese fir on seed germination and seedling growth. Allelopathy Journal, 9(2): 187-193.

IUCN/ SSC. 2008. Strategic Planning for Species Conservation: A Handbook. Version 1.0. Gland, Switzerland: IUCN Species Survival Commission.

Janecek S, Lepš J. 2005. Effect of litter, leaf cover and coverof basal internodes of the dominant species *Molinia caerulea* onseedling recruitment and established vegetation. Acta Oecologica, 28(2): 141-147.

Jensen K, Gutekunst K. 2003. Effects of litter on establishment of grassland plant species: the role of seed size and successional status. Basic and Applied Ecology, 4(6): 579-587.

Karron J D. 1991. Patterns of genetic variation and breeding systems in rare plant species. *In*: Flak D A, Holsinger K E. Genetic and conservation of rare plants. New York: Oxford University Press: 87-98.

Kaya C, Higgs D, Kirnak H, et al. 2003. Mycorrhizal colonization improves fruit yield and water use efficiency in watermelon (*Citrullus lanatus*) grown under well-watered and water-stressed conditions. Plant Soil, 253: 287-292.

Khazaie H, Earl H, Sabzevari S, et al. 2013. Effects of osmo-hydropriming and drought stress on seed germination and seedling growth of Rye (*Secale montanum*). ProEnvironment, 6(15): 496-507.

Khodadad M. 2011. A study effects of drought stress on germination and early seedling growth of Flax (*Linum usitatissimum* L.) cultivars. Advances in Environmental Biology, 5(10): 3307-3311.

Klironomos J N, McCune J, Hart M, et al. 2000. The influence of arbuscular mycorrhizae on the relationship between plant diversity and productivity. Ecology Letters, 3(2): 137-141.

Laser K D, Lersten N R. 1972. Anatomy and cytology of microsporogenesis in cytoplasmic male sterile angiosperm. Botany Review, 38(3): 425-454.

Lawlor D W, Tezara W. 2009. Causes of decreased photosynthetic rate and metabolic capacity in water-deficient leaf cells: a critical evaluation of mechanisms and integration of processes. Annals of Botany, 103(4): 561-579.

Li Q K, Ma K P. 2003. Factors affecting establishment of *Quercus liaotungensis* Koidz. under mature mixed oak forest overstory and in shrubland. Forest Ecology and Management, 176(1): 133-146.

Li Q, Cai J, Jiang Z, et al. 2010. Allelopathic effects of walnut leaves leachate on seed germination, seedling growth of medicinal plants. Allelopathy Journal, 26(2): 235-242.

Lillerapp A M, Wallwork M A, Sedgley M, et al. 1999. Female and male sterility cause low frui set in a clone of the: "Trevatt" variety of apricot (*Prunus armeniaca*). Scientia Horticulturae Amsterdam, 82(3-4): 255-263.

Liu Y H, Zeng R S, Chen S, et al. 2007. Plant autotoxicity research in southern China. Allelopathy Journal, 19(2): 61-74.

Lozier J D. 2014. Revisiting comparisons of genetic diversity in stable and declining species: assessing genome-wide polymorphism in North American bumble bees using RAD sequencing. Molecular Ecology, 23(4): 788-801.

Ma Y P, Chen G, Grumbine R E, et al. 2013. Conserving plant species with extremely small populations (PSESP) in China. Biodiversity and Conservation, 22(3): 803-809.

Maunder M. 1992. Plant reintroduction: an overview. Biodiversity and Conservation, 1(1): 51-61.

McDowell N, Pockman W T, Allen C D, et al. 2008. Mechanisms of plant survival and mortality during drought: why do some plants survive while others succumb to drought. New Phytologist, 178(4): 719-739.

McLaren K P, McDonald M A. 2003. The effects of moisture and shade on seed germination and seedling survival in a tropical dry forest in Jamaica. Forest Ecology and Management, 183(1-3): 61-75.

Meehl G A, Tebaldi C. 2004. More intense, more frequent, and longer lasting heat waves in the 21st Century. Science, 305(5686): 994-997.

Miller M R, Atwood T S, Eames B F, et al. 2007. RAD marker microarrays enable rapid mapping of zebrafish mutations. Genome Biology, 8(6): R105.

Morte A, Lovisolo C, Schubert A. 2000. Effect of drought stress on growth and water relations of the mycorrhizal association *Helianthemum almeriense-Terfezia claveryi*. Mycorrhiza, 10(3): 115-119.

Navarro-Cano J A. 2008. Effect of grass litter on seedling recruitment of the critically endangered *Cistus heterophyllus* in Spain. Flora, 203(8): 663-668.

Nepstad D C, Moutinho P, Dias M B, et al. 2002. The effects of partial through fall exclusion on canopy processes, aboveground production, and biogeochemistry of an Amazon Forest. Journal of Geophysical Research, 107(D20): 1-18.

Ogden R, Gharbi K, Mugue N, et al. 2013. Sturgeon conservation genomics: SNP discovery and validation using RAD sequencing. Molecular Ecology, 22(11): 3112-3123.

Phillips O L, Aragão L E O C, Lewis S L, et al. 2009. Drought sensitivity of the Amazon rainforest. Science, 323(5919): 1344-1347.

Pierson E A, Mack R N. 1990. The population biology of *Bromus tectorum* in forests: Effects of disturbance, grazing and litter on seedling establishment and reproduction. Oecologia, 84(4): 526-533.

Poorter L, Hayashida-Oliver Y. 2000. Effects of seasonal drought on gap and understorey seedlings in a Bolivian moist forest. Journal of Tropical Ecology. 16(4): 481-498.

Rai M, Acharya D, Singh A, et al. 2001. Positive growth responses of the medicinal plants *Spilanthes calva* and *Withania somnifera* to inoculation by *Piriformospora indica* in a field trial. Mycorrhiza, 11(3): 123-128.

Raniello R, Mollo E, Lorenti M, et al. 2007. Phytotoxic activity of caulerpenyne from the Mediterranean invasive variety of *Caulerpa racemosa*: a potential allelochemical. Biological Invasions, 9(4): 361-368.

Reed J M, Mccoy E D. 2014. Relation of minimum viable population size to biology, time frame, and objective. Conservation Biology, 28(3): 867-870.

Ren H, Zhang Q M, Lu H F, et al. 2012. Wild plant species with extremely small populations require conservation and reintroduction in China. AMBIO: A Journal of the Human Environment, 41(8):

913-917.

Rigobertors R S, Josué A A G, Jorge A A-G, et al. 2004. Biomass distribution, maturity acceleration and yield in drought stressed common bean cultivars. Field Crops Research, 85(2-3): 203-211.

Roberts K J, Anderson R C. 2001. Effect of garlic mustard *Alliaria petiolata* (Beib. Cavara & Grande) extracts on plants and arbuscular mycorrhizal (AM) fungi. The American Midland Naturalist, 146(1): 146-152.

Rolim S G, Jesus R M, Nascimento H E M, et al. 2005. Biomass change in an Atlantic tropical moist forest: the ENSO effect in permanent sample plots over a 22-year period. Oecologia, 142(2): 238-246.

Rosenfeld J S. 2014. 50/500 or 100/1000? Reconciling short- and long-term recovery targets and MVPs. Biological Conservation, 176: 287-288.

Rotundo J L, Aguiar M R. 2005. Litter effects on plant regeneration in arid lands: a complex balance between seed retention, seed longevity and soil-seed contact. Journal of Ecology, 93(4): 829-838.

Rubles C, Bonin G, Garzino S. 1999. Autotoxic and allelopathic potentials of *Cistus albidus* L. C R Acad Sci-Life Science, 322(8): 677-685.

Sadeghi S, Ashrafi Z Y, Tabatabai M F, et al. 2009. Study methods of dormancy breaking and germination of common madder (*Rubiatincto-rum* L.) seed in laboratory conditions. Botany Research International, 2(1): 7-10.

Sánchez-Blanco M J, Ferrández T, Morales M A, et al. 2004. Variations in water status, gas exchange, and growth in *Rosmarinus officinalis* plants infected with *Glomus deserticola* under drought conditions. Journal of Plant Physiology, 161(6): 675-682.

Sardet C, Paix A, Prodon F, et al. 2007. From oocyte to 16-cell stage: cytoplasmic andcortical reorganizations that pattern the ascidian embryo. Developmental Dynamics, 236(7): 1716-1731.

Sari A O, Oguz B, Bilgic A. 2006. Breaking seed dormancy of laurel (*Laurus nobilis* L.). New Forests, 31(3): 403-408.

Sasaki S, Mori T. 1981. Growth responses of dipterocarp seedlings to light. Malaysian Forester, 44(2/3): 319-345.

Scariot W. 2000. Seedling mortality by litterfall in amazonian forest fragments. Biotropica, 32(4a): 662-669.

Schärc C, Vidale P L, Lüthi D, et al. 2004. The role of increasing temperature variability in European summer heatwaves. Nature, 427(6972): 332-336.

Scoles G J, Evans L E. 1979. Pollen development in male fertile and cytoplasmic male sterile. The Plant Cell, 57(24): 2782-2790.

Shi F X, Li M R, Li Y L, et al. 2015. The impacts of polyploidy，geographic and ecological isolations on the diversification of *Panax* (Araliaceae). BMC Plant Biology, 15: 297.

Shoemaker K T, Breisch A R, Jaycox J W, et al. 2014. Disambiguating the minimum viable population concept: response to Reed and McCoy. Conservation Biology, 28(3): 871-873.

Singh H P, Batish D R, Kohli R K. 1999. Autotoxicity: concept, organisms, and ecological significance. Critical Reviews in Plant Sciences, 18(6): 757-772.

Smith S E, Read D J. 1997. Mycorrhizal Symbiosis. 2nd ed. San Diego: Academic Press: 233-289.

Smorenburg K, Courreges-Lacoste G B, Berger M, et al. 2003. Practical applications of chlorophyll fluorescence in plant biology. Boston, Dordrecht, London: Kluwer Academic Publishers, 42: 178-190.

Stone C, Penman T, Turner R. 2012. Managing drought-induced mortality in *Pinus radiata* plantations under climate change conditions: a local approach using digital camera data. Forest Ecology and Management, 265(1): 94-101.

Swarn L, Sinsh H B, Kapila R K, et al. 1999. Seed germination and seedling growth of soybean (*Glycine max* L. Merrill) under different water potentials. Seed Research, 26(2): 131-133.

Talebi R, Naji A M, Fayaz F. 2008. Geographical patterns of genetic diversity in cultivated chickpea (*Cicer arietinum* L.) characterized by amplified fragment length polymorphism. Plant, Soil and Environment, 54(10): 447-452.

Tawaha A M, Turk M A. 2003. Allelopathic effects of black mustard (*Brassica nigra*) on germination and growth of wild barley (*Hordeum spontaneum*). Journal of Agronomy and Crop Science, 189(5): 298-303.

Turk M A, Shatnawi M K, Tawaha A M. 2002. Inhibitory effects of aqueous extracts of blackmustard on germination and growth of alfalfa. Weed Biology and Management, 3(1): 37-40.

Van Mantgem P J, Stephenson N L, Byrne J C, et al. 2009. Widespread increase of tree mortality rates in the western United States. Science, 323(5913): 521-524.

Varma A. 1998. Mycorrhizae-the friendly fungi: What we know, what should we know, and how do we know? *In*: Varma A. Mycorrhiza Manual. Berlin: Springer: 1-24.

Veenendaal E M, Swaine M D, Lecha R T, et al. 1996. Responses of West African forest tree seedlings to irradiance and soil fertility. Functional Ecology, 10(4): 501-511.

Veresoglou S D, Shaw L J, Sen R. 2011. *Glomus intraradices* and *Gigaspora margarita* arbuscular mycorrhizal associations differentially affect nitrogen and potassium nutrition of *Plantago lanceolata* in a low fertility dune soil. Plant and Soil, 340(1-2): 481-490.

Volis S, Blecher M. 2010. *Quasi in situ*: a bridge between *ex situ* and *in situ* conservation of plants. Biodiversity & Conservation, 19(9): 2441-2454.

Vucetich J A, Burnham D, Macdonald E A, et al. 2018. Just conservation: What is it and should we pursue it? Biological Conservation, 221: 23-33.

Wang X Q, Sun G L, Gong X L, et al. 2016. Application of RAD sequencing for evaluating the genetic diversity of domesticated *Panax notoginseng* (Araliaceae). PLoS One, 11(11): e0166419.

Wang X R, Pan Q, Chen F X, et al. 2011. Effects of co-inoculation with arbuscular mycorrhizal fungi and rhizobia on soybean growth as related to root architecture and availability of N and P. Mycorrhiza, 21(3): 173-181.

Watanabe T, Fukuzawa K, Shibata H. 2013. Temporal changes in litterfall, litter decomposition and their chemical composition in *Sasa* dwarf bamboo in natural forest ecosystem of northern Japan. Journal of Forest Research, 18(2): 129-138.

Whitlock R, Hipperson H, Thompsonb D B A, et al. 2018. Consequences of in-situ strategies for the conservation of plant genetic diversity. Biological Conservation, 203: 134-142.

Williams A P, Allen C D, Macalady A K, et al. 2013. Temperature as a potent driver of regional forest drought stress and tree mortality. Nature Climate Change, 3(3): 292-297.

Wright S I, Lauga B, Charlesworth D. 2003. Subdivision and haplotype structure in natural populations of *Arabidopsis lyrata*. Molecular Ecology, 12(5): 1247-1263.

Yang W Z, Zhang S S, Wang W B, et al. 2017. A sophisticated species conservation strategy for *Nyssa yunnanensis*, a species with extremely small populations in China. Biodiversity Conservation, 26(4): 967-981.

Yirdaw E, Leinonen K. 2002. Seed germination responses of four afromontane tree species to red/far-red ratio and temperature. Forest Ecology Management, 168(1/2/3): 53-61.

Yu J Q, Ye S F, Zhang M F, et al. 2003. Effects of root exudates and aqueous root extracts of cucumber (*Cucumis sativus*) and allelochemicals on photosynthesis and antioxidant enzymes in cucumber. Biochemical Systematics and Ecology, 31(2): 129-139.

Zeigler S L, Che-Castaldo J P, Neel M C. 2013. Actual and potential use of population viability analyses in recovery of plant species listed under the U.S. endangered species act. Conservation Biology, 27(6): 1265-1278.

Zeng Y X, Hu C Y, Lu Y G, et al. 2009. Abnormalities occurring during female gametophyte development result in the diversity of abnormal embryo sacs and leads to abnormal fertilization in indica/japonica hybrids in rice. Journal of Integrative Plant Biology, 51(1): 3-12.

Zhang S S, Jin Y L, Zhu W J, et al. 2010. Baicalin released from *Scutellaria baicalensis* induces autotoxicity and promotes soilborn pathogens. Journal of Chemical Ecology, 36(3): 329-338.

Zhang S S, Kang H M, Yang W Z. 2017. Climate change-induced water stress supresses the regeneration of the critically endangered forest tree *Nyssa yunnanensis*. PLoS ONE, 12(8): e0182012.

Zhang S S, Shi F Q, Yang W Z, et al. 2015. Autotoxicity as a cause for natural regeneration failure in *Nyssa yunnanensis* and its implications for conservation. Israel Journal of Plant Science, 62(3): 187-197.